纺织服装类"十四五"部委级规划教材

服装设计专业核心系列教材 ·························· 主编 刘晓刚

U0163296

服装设计学

冯 利 编著

东华大学出版社

图书在版编目（CIP）数据

服装设计学 / 冯利编著. —上海：东华大学出版社，2022.5
ISBN 978‐7‐5669‐2041‐6

Ⅰ.①服…　Ⅱ.①冯…　Ⅲ.①服装设计　Ⅳ.①TS941.2

中国版本图书馆 CIP 数据核字（2022）第 041080 号

责任编辑　徐 建 红
书籍设计　东华时尚

出　　　版：东华大学出版社（地址：上海市延安西路 1882 号　邮编：200051）
本 社 网 址：dhupress.dhu.edu.cn
天猫旗舰店：http://dhdx.tmall.com
营 销 中 心：021-62193056　62373056　62379558
印　　　刷：上海盛通时代印刷有限公司
开　　　本：787 mm×1092 mm　1/16
印　　　张：10.75
字　　　数：300 千字
版　　　次：2022 年 5 月第 1 版
印　　　次：2022 年 5 月第 1 次
书　　　号：ISBN 978-7-5669-2041-6
定　　　价：78.00 元

目　录

第一章　绪论

第一节　服装设计学的学科体系

设计学包含了现代设计中的所有设计门类,其中,服装设计学作为一门较新的艺术设计学科,吸引着越来越多拥有服装设计师梦想的年轻人投身其中。

一、服装设计学科的含义

学科的原意是指有系统的专门学问、知识,也是学术或学习的一门科目或分支,尤指在学习制度中,为了将教学进行系统化分类和管理,将其作为一个相对独立和完整的部分进行归类和安排。学科的含义包含三个方面:一是学术的分类。指一定科学领域或一门学问的分支,如自然科学中的化学、物理学,社会科学中的法学、社会学等。二是"教学科目"的简称,也称"科目"。它是指教学中按逻辑程序组织的一定知识和技能范围的单位,如中小学的数学、物理、语文、音乐等,高等学校管理学系的系统管理学、组织管理学、经营管理学等。三是围绕着某个科学分支组成的相关专业或知识模块。由于大大小小的学科门类非常繁多,人们按照学科之间的一定联系规律对其进行分类和分级。我国高等学校本科教育专业设置按"学科门类""学科大类(一级学科)""专业(二级学科)"三个层次来设置。

(一) 服装设计学

服装设计学,顾名思义,就是以服装设计为核心内容的一套理论体系,是关于服装设计这一人类在着装方面创造性行为的理论研究。服装设计学的本质是运用范畴、定义、方法等知识提炼形式,反映服装与服饰在人们生活中的各种现象、本质和规律。其目的是为了将实践活动中的经验、体会、思考等集中起来,为学习服装设计提供理论知识,并要求结合实践,获得一定的实证体验。

(二) 服装设计学科

服装设计学科是以服装设计为主要内容的一门学科,主要培养从事服装设计、服饰设计及服装生产、经营、管理等方面德、智、体、美全面发展的高级专门人才。

服装设计学科所培养出来的服装设计人才应具备如下能力:

(1) 具有广泛的人文学科知识和艺术修养;

(2) 具有各类服装款式设计、服装结构设计、服饰配件设计以及成衣制作的能力;

(3) 掌握服装历史、服装美学及服装社会心理学知识,具有较强的审美能力;

（4）掌握美术知识、服装画、服装色彩、图案设计、手工印染、摄影等一些与服装设计相关的基础知识及具体应用能力；

（5）具有服装广告设计、商品展示设计的能力；

（6）具有服装生产、经营管理以及市场预测的初步能力。

（三）服装设计学的支持学科

设计是一种物质文化行为，其终极目标是实现功能性和审美性。服装设计作为设计中的一个分支，也必然具备功能性和审美性的双重内涵，因而，服装设计学的主要内容即包含了这样的双重研究内容。在这些内容中，有些较为核心的学科属于服装设计学的主要支撑，有些虽然相对外围，但也必不可少。它们相辅相成，共同构成了完整的服装设计学科。

1. 主要支持学科

服装设计学的主要支持学科是指构成这一学科的核心学科，这些学科涵盖了服装的两大基本属性：功能性和审美性。就服装的功能性而言，服装设计学需要服装材料学、服装结构学、服装工艺学、服装生产学、服装整理学、人体工学等学科的支持；就服装的审美性而言，服装设计学需要构成学、服装色彩学、服装心理学、服装美学、民俗学、伦理学等学科的支持，如图 1-1 所示。

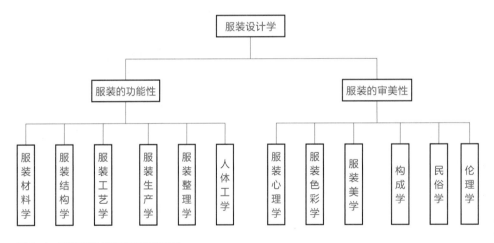

图 1-1   服装设计学的主要支持学科

2. 其他支持学科

服装设计学的其他支持学科，是指与服装设计学有联系，也对服装设计学起到辅助作用的学科。服装设计学不是孤立存在的，需要服装市场学、服装营销学、服装消费心理学、服装管理学等学科的支持。

二、服装设计学科的构成

作为一门学科，服装设计学科随着我国服装设计专业教育三十多年的发展，已经形成了一套完整的教学体系。当前，我国的服装教育体系既有国际服装教育的核心课程，又保留了中国传统艺术教育课程的特点。国内开设有服装艺术设计专业的高校已有数百所，还有许多以职业培训形式开设的服装培训学校。我国的服装设计教育呈现出遍地开花的局势。从国内高等院校开设的服装设计专业来看,各校在教学计划和课程设置上虽各有不同,但基本的理论体系和主要课程是一致的,可以分为基础课程、专业基础课程、专业课程三大类。

(一) 基础课程

基础课程的设置目的是对刚进入高校的新生进行设计基础及美术素养的训练。虽然我国高校的服装艺术设计专业都要求学生在入学前接受美术训练并取得专业合格证才有资格报考,但为了保证与今后的专业教育顺利对接,学生们仍需要在进入学校后进行系统的、有针对性的美术训练。基于上述原因,当前我国服装艺术设计专业的基础课程设置为两大类:一类是美术基础课程,包括素描、速写、色彩画、中国画等;另一类是设计基础课程,包括设计概论、平面构成、色彩构成、立体构成、基础图案、基础摄影、中国工艺美术史、电脑设计软件基础等。

(二) 专业基础课程

专业基础课程的设置目的是对学生进行全面的美术素养的巩固和艺术设计能力的培养。这部分课程与专业有一定的关联,是专业教育的基础。国内高校服装艺术设计专业的专业基础课程包括服装设计概论、服装画技法、服装基础工艺、立体裁剪、西方服装艺术史、中国服装艺术史、服装材料学、服装结构设计、中外美术史等。

同时,学生们还可根据个人兴趣爱好选择其他相关学科基础课程学习,包括手工印染、饰品制作、服饰配件设计、染织纹样史、形象造型设计、服装面料纹样设计等课程。

(三) 专业课程

核心的专业课程教育包含了服装设计学的各个方面,其设置目的是为了让学生们接受全面的服装设计理论。在专业教育中,全面地从各个细分方向对学生进行理论教育和培养,有利于学生在毕业后根据自己的特长、兴趣爱好和机遇进行专业方向的选择。专业课程设置包括服装CAD、服装品牌运作、男装设计、女装设计、内衣设计、服装营销学、服装社会心理学、服装生产与经营管理、时装摄影、中国少数民族服饰、服装广告设计、电脑时装效果图、设计大师作品分析、时装发布与组织、服装面料塑型技术等。

服装设计是一门对实践能力要求很高的学科,因此还设置有实践教学课程,包括服装电脑综合运用、专业实习、市场调研、毕业调研、毕业设计、毕业展览等。

三、服装设计学科的功效

服装设计学科是一门实用性与理论性兼具的学科。对于服装设计学科的功效,我们可以从服装设计学在产业中的作用以及服装设计学在人们日常生活中的用途两个方面去理解。

(一) 服装设计学在产业中的作用

服装产业链由一系列与服装设计、生产和销售密切相关的行业组成,目的是为了向市场提供能满足消费者穿着需求的各种服装。这些相关行业从加工对象和加工技术的角度可分为:纤维加工业和制造业,棉、麻、毛纺织业,丝织业,针织业,印染业,服装成衣制造业等,同时也包括向这些行业提供技术、信息咨询、市场调查及商品企划等的辅助行业。概括而言,服装原材料的供应、服装的设计生产和服装销售组成了现代服装产业链。在这一系列环节中,服装产品起着决定性、指导性的作用。可以说,服装产品是服装产业链的核心,而决定服装产品样貌的服装设计就是其中最为重要的一项工作。

(二) 服装设计学在生活中的用途

在人类生活最重要的四个方面"衣、食、住、行"中,衣排在第一位,这说明长久以来,服装就是人类生活最基本的需求之一，在整个社会精神与物质生活中占有重要地位。现代社会中，人们对服装的要求越来越多元化。服装不仅起到保暖御寒、遮体防暑、避免伤害的基本作用，还起到修饰、美化人体的装饰作用。服装可以标识身份、显示修养、展现精神面貌、表达思想内涵，这些更进一步的作用在今天越来越多地为人们所关注。这些都是通过服装设计得以实现的。

第二节　服装设计学的研究内容

从最初意义上的服装发展到今天的现代服装，经过了漫长的历史阶段，这个过程基本上是伴随着人类的发展史进行的，而服装设计学却是一门新兴学科。在欧洲，现代服装的发展不过百年，在中国，服装设计专业从开办至今也不过三十多年时间。作为与现代人类生活息息相关的服装的内涵越来越广，服装设计学所包含的内容也越来越多。服装设计与自然科学、社会科学、人文科学也都存在着交集，如图1-2所示。

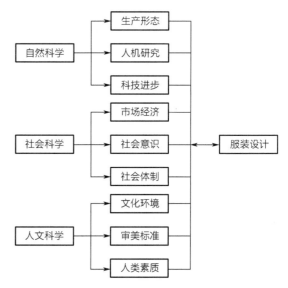

图1-2　服装设计与其他学科的关系

一、服装设计与自然科学的关系

自然科学是以自然界物质的各种类型、属性、状态及运动形式作为认识对象，研究有机自然界和无机自然界的各门科学的总称。从生产形态、人机研究、科技进步的角度来看，服装设计具有自然科学的一些特性，与自然科学密不可分。

(一) 服装设计与生产形态

生产形态是指人类进行创造世界和改造世界的实践活动的具体形式。艺术则是人类按照美的规律创造世界，同时也按照美的规律创造自身的实践活动。任何艺术从本质上说都是具有审美性、创造性的生产形态。因为它是人类借助一定的物质材料和工具，运用一定的审美能力和技巧，在精神与物质材料、心灵与审美对象相互作用、相互结合的情况下，充满激情与活力的一种创造性劳动。服装设计作为现代艺术的一个分支也符合这一规律，它是服装设计师根据服装审美的规律，借助各种材料，通过各种造型、结构、工艺等手段创造出能够满足人们着装需要的产品的实践活动。服装产品不仅能够满足人们遮体避寒的基本物质需求，还能满足人们美化自己、增强自信的精神需求。在这个意义上，服装设计就是一种生产形态。

(二) 服装设计与人机研究

人机研究是研究关于设计、评价和实现供人们使用的交互计算机系统以及有关这些现象的科学。人机研究包含人机交互和人机界面两方面内容的研究。人机交互又被称为智能化的人机交互,是一门多学科综合的研究,包括计算机科学、心理学、社会学、图形设计、工业设计等学科知识。对服装设计而言,服装设计师借助计算机表达设计意图是最普遍和常用的手法,这使得人机研究在服装设计中亦有了用武之地。许多服装公司对服装设计图稿有着标准化的要求,这些标准是为了适应整个公司的运作流程而制定的,在这一流程中离不开计算机的运用。因此,许多服装公司在招聘时也把使用计算机进行服装设计与绘图的能力作为服装设计师的基本技能之一。目前,随着全息图像、三维辅助设备等新技术新设备的开发与应用,虚拟技术开始运用到设计的方方面面。服装设计师不需要做出样衣就能看到设计产品的虚拟效果成为可能,传统的服装设计手段正在发生着新的变革。

(三) 服装设计与科技进步

科技进步是我国坚持科学发展观,实施科教兴国战略,实行自主创新、重点跨越、支撑发展、引领未来的重要的科技工作指导方针。对服装设计而言,一方面随科技进步而产生的新面料、新生产设备、新工艺、新的销售模式等会为服装设计拓展出新的设计空间,如衬布、面料以及整烫设备和工艺的发展,使设计师能够设计出适合男士在夏天穿着的清凉西服,既保证了人们的职业着装需要,又提高了人体的着装舒适性。另一方面,服装设计中所提出的新的设计思路、设计概念也会促进科技进步。

二、服装设计与社会科学的关系

社会科学是以社会现象为研究对象的科学,以研究与阐述各种社会现象及其发展规律为主要任务。它主要包括经济学、政治学、社会学及社会心理学。在上述这些学科的研究方向中,服装设计与经济学中的市场经济、社会学中的社会意识、政治学中的社会体制有着紧密联系。

(一) 服装设计与市场经济

在我国实行计划经济的年代,服装业处于极度低迷的状态,人们的着装色彩单调、款式千篇一律,连专门出售服装的店铺都没有,更谈不上个性化的服饰了。随着我国社会主义市场经济体制的实行,服装业得到迅速、长足的发展。服装设计这一行业从无到有,从最初的人们想拥有一件有点变化的服装只能找裁缝铺的裁缝师傅比比划划说明意思,由裁缝师傅理解着完成,到如今每年数以千计的服装设计专业毕业生涌向各个服装公司和企业,每一季都为人们带来千变万化、丰富多彩的新款式。这样巨大的变化正是在我国的社会主义市场经济体制下发生的。

(二) 服装设计与社会意识

社会意识是指在一定的社会经济基础上形成的对于世界和社会的系统的看法和见解,包括政治、法律、艺术、宗教、哲学、道德等思想观点。艺术是一种特殊的社会意识形式,通俗地说,艺术是人的知识、情感、理想、意念等综合心理活动的有机产物,是人们现实生活和精神世界的形象表现。具体到服装设计,从精神层面看,它是文化的一个领域或文化价值的一种形态。从过程层面看,服装设计是服装设计师们的自我表现、创造活动。从结果层面看,服装也是艺术品,强调其客观存在。服装既有服装设计师对客观世界的认识和反映,也有服装设计师本人的情感、理想和价值观等主体性因素,它是一种精神产品。艺术与其他意识形式的区别在于它的审美价值,这是它最主要、最基本的特征。服装设计师通过服装设计创作来表现和传达自己的审美感受和审美理想,消费者通过对服装的欣赏或穿着来获得美感,并满足自己的审美需要。

(三) 服装设计与社会体制

无论在哪种社会体制中,服装都是人们生活的重要组成部分,但是在不同的社会体制中服装起到的作用不同,因而服装设计的发展空间和方向也会不同。无论中外,在阶级等级制度森严的时期,都有过以服装为标识来划分社会阶层的历史,具体到对服装的颜色、款式、图案、面料等都有着严格的等级要求,不可逾越。随着人类社会的发展,平等、自由、民主、人权已成为人类社会共同追求的目标,人们对服装的选择不再受到政治和权力的束缚,着装的自由度越来越大。事实上,越是开明的社会制度,经济越是繁荣,艺术越是繁盛,人们的观念越是开明,服装设计就越是百花齐放,争奇斗艳。

三、服装设计与人文科学的关系

人文科学以人的社会存在为研究对象,以揭示人的本质和人类社会发展规律为主要研究任务。通俗地说,人文环境的好坏会影响到人们对科学的重视程度。良好的人文环境带来自然科技的提升,人文素质的提高导致人们对一些新兴事物的接受范围扩大。服装在良好的人文环境下,自然会取得长足的发展和进步。服装设计的发展与人文科学中的文化环境、审美标准、人类素质是息息相关的。

(一) 服装设计与文化环境

文化环境是指一个国家或地区的社会组织、社会结构、社会风俗习惯、历史传统、生活方式、教育水平、宗教信仰等多方面综合因素。服装设计是一种可视的艺术,其作品——服装是通过非语言的方式进行信息传递的。通过一个人的着装状态,可以基本了解这个人的教育背景、家庭状况、基本职业状态、性格等内在的信息。通过一个群体的着装现象,可以分析出这个群体及其所在社会的风俗习惯、文化传统、生活方式、综合教育水平等。因此,服装具有着强烈的文化内涵,服装设计是对文化的理解和再现。没有文化的内涵,服装变成了简单遮盖物,没有文化的底蕴,服装设计变成了简单的"画小人"。反之,文化环境对服装也有着深刻的影响力。文化的发展带动了艺术的发展,也促进了服装设计艺术的发展。文化环境的变化影响着服装设计的内容和表现形式。文化深深地渗透在服装设计艺术中,而服装设计则是展现文化内涵的极佳表现形式。

(二) 服装设计与审美标准

审美标准是指衡量、评价对象审美价值的相对固定的尺度,是审美意识的组成部分,在审美实践中形成、发展,受一定社会历史条件、特定对象审美特质和文化心理结构的制约,既具有主观性和相对性,又具有客观性和普遍性。服装设计作为一种实用艺术和视觉艺术,其设计效果要根据审美标准进行评判。不同时期人们的审美标准不同,即使在同一时期,不同国家与地区、民族的审美标准也不同。这些审美标准的差异使得不同时期、不同国家、不同地区、不同民族的服装表现出千变万化的外观效果。即便在同一时期同一地区同一民族中,每个人对服装的审美标准也存在着个体差异。在看到审美差异存在的同时,我们也应认识到人们对于美仍有着基本的共同认识,这就是美的共同性。审美标准的共同性和差异性使得服装设计表现出了共同性和差异性。所谓服装审美的共同性是指在同一时期同一地区的人们所认可、欣赏的服装有着类似的美学特征,所谓服装审美的差异性既指不同时期设计的服装在造型、色彩等方面的差异,也指同一时期同一地区内人们个体着装的差异。服装设计与审美标准之间是双向的影响关系,一方面审美标准引导着一个时期的服装设计方向,另一方面一些超前的具有引领性和创造性的服装设计作品也在潜移默化地改变着一个时代的审美标准。一个时代的服装设计与服装审美标准是唇齿相依,互为依存的。

(三) 服装设计与人类素质

人的素质是指以人的先天禀赋为基质,在后天环境和教育影响下形成并发展起来的内在的、相对稳定的身心组织结构及其质量水平。人类素质则是指具有群体共性的整体素质。人类素质通过社会生活中的多个方面表现出来。服装具有深刻的文化内涵,是体现人的素质的一个重要侧面。人具有社会人和自然人的双重属性:作为自然人,人们具有保护自身不受伤害的着装需要;作为社会人,人们具有复杂的着装意识和着装需求。服装设计使服装有了更丰富多彩的面貌,为人们提供了更多的着装和搭配的可能性,在很大程度上满足了人们作为社会角色的需要。人类整体素质的提升,也对服装提出了更多样化和个性化的要求,为服装设计不断提出新的课题。

第三节　服装设计学的发展方向

服装设计学是一门新兴学科,具有无限的生机与活力,只要服装对人类的必要性存在,服装设计这项创造性的活动就会存在,服装设计学这门学科就会不断发展下去。当今世界是一个飞速发展的世界,信息技术、数字技术、全球经济一体化、观念的不断进步与更新,使得各行各业都发生着迅捷的变化。如前文所述,服装设计学与多门学科密切关联,因此,服装设计学的发展也与其他相关行业的变化紧密相随。下面,我们将从几个主要的方面来探讨服装设计学的发展方向。

一、结合数字技术

数字技术是与计算机技术相伴相生的科学技术,数字技术改变了人们日常生活的方方面面,服装设计亦不例外。传统的服装设计方式和手段以图纸、画笔、颜料、剪刀、尺等为工具,数字技术的出现正在改变这一模式。以数字技术为主的服装电脑效果图的绘制方法已经为很多服装设计师所采用,与传统的手绘效果图相比,电脑效果图具有方便快捷、可多次复制、传送迅速等优势。计算机虚拟设计也取得了巨大进展,开始进入商业化应用的阶段,具有强大而完善的虚拟设计功能的服装设计软件正在成为广大服装公司与服装设计师的最佳助手。此外,"数码布料"的成功研发也为服装设计师们创造"智能服装"提供了可能性。

二、增强环保理念

环境保护(简称环保)包括减轻工业污染、保护动植物、爱护地球、节约能源等多方面内容。

对于服装,其上游产业纺织、印染、染整工业都是污染行业,就服装产品自身而言也存在着与环保理念相悖之处。动物保护主义者曾与服装设计行业发生过较为激烈的冲突。矛盾的焦点集中在服装设计师对动物毛皮的喜爱与应用上,越是珍稀动物的毛皮,其美丽的肌理与毛皮效果越是为服装设计师们钟爱,而这一点正是受到动物保护主义者们强烈指责的。随着环保理念的深入人心,保护地球、保护环境已成为全球共识。服装设计师们开始使用由新工艺制成的皮草替代品——各种仿皮草面料进行设计。除此之外,为了减少在服装从原材料到面料再到成品的过程中对环境的污染,许多新型面料相继问世,也为服装设计师们提供了新的设计方向。更加环保的面料,更加舒适的穿着体验,更富个性的着装效果,这一切都是服装设计师们在环保理念盛行的今天的不二选择。

■ **小资料**

善待动物组织

善待动物组织(People for the Ethical Treatment of Animals,简称PETA),成立于1980年的美国,关注的焦点放在动物遭受不公正对待的数量最多、程度最强烈和时间最长的四个区域:工厂农场,实验室,毛皮贸易和娱乐业。PETA曾联合服装设计师卡尔文·克莱恩(Calvin Klein)、汤米·希尔费格(Tommy Hilfiger)、拉夫·劳伦(Ralph Lauren)及众多明星抵制皮草。

三、重视个人价值

人的价值分为个人价值与社会价值两方面,个人价值指个人或社会在生产、生活中为满足个人需要所做的发现、创造,是个人自我发展及社会对于个人发展的贡献。社会价值是指个人通过自己的实践活动为社会的发展需要所做的贡献,简言之,即个人对社会的贡献。现代社会中,个人的价值、权益、重要性越来越受到重视,这种重视表现在服装上就是每个人对着装的选择要求越来越细致,这使得服装设计的针对性越来越强。随着服装产业规模的扩大和持续发展、服装生产机械化程度的提高、服装流行信息全球化的传播,服的同质化现象越来越严重。如何在这种情况下实现个人着装的差异化、个性化,满足人们对服装的多样化要求,实现人们对自身价值的体现,这是摆在服装设计师面前的一个重要问题。毋庸置疑,服装设计只有很好地体现着装者的个人价值,才能为广大消费者接受、认可和喜爱,这也是服装设计发展的主流方向。

四、跨界创意产业

创意产业亦称创造性产业,是指以个人的创造力、技能和天分为发展动力的产业,以及通过对知识产权的开发创造潜在财富和就业机会的活动。创意产业的范围很宽泛,从广告设计、建筑艺术、艺术和古董市场、手工艺品、时尚设计,到电影与录像、交互式互动软件、音乐、表演艺术、出版业,还包括软件及计算机服务、电视和广播等。创意产业的根本观念在于通过"跨界"促成不同行业、不同领域的重组与合作,寻找新的经济增长点以推动文化与经济的发展。设计离不开创意,创意是新产品的"灵魂",而产业创意的成功则基于创意人员对消费者生活方式的了解。因此,其他行业与服装设计跨界的深层次内核在于:以共通的文化符号联合诠释一种生活方式,从各自的角度再现统一的消费体验,最终实现从不同角度诠释同一个目的的效果。在时尚界,创意文化产业的发展越来越蓬勃,中国的故宫博物院、英国的大英博物馆以馆藏品为来源开发的文创产品因兼具趣味性、文化性与审美性而受到人们的喜爱(图1-3、图1-4)。中国当代服装设计师也与中国艺术家展开合作,探索时尚设计领域的文创设计新思路(图1-5、图1-6)。

图1-3 故宫博物院的文创产品"吉祥圆满金流苏·口红挂坠",兼具中国古典审美特色与当代时尚气息,色调优雅、造型流畅,是当下文创产品设计中的优秀作品

图1-4 这是以大英博物馆大型展览"北极:文化与气候"为主题的文创首饰设计,灵感来自萨米鼓。这款耳环由肯特·霍姆克维斯特(Kent Holmkvist)为田纳西州的瑞典小镇约克莫克设计。约克莫克镇以瑞典、挪威和芬兰的萨米族人在此出售本土艺术品和手工艺品而闻名

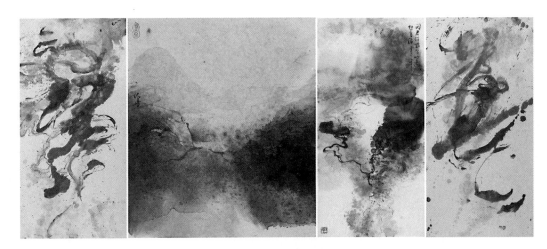

图 1-5　海派抽象水墨画家林依峰的抽象水墨作品

图 1-6　服装设计师冯利以林依峰的抽象水墨作品为灵感的时装设计作品

五、融入科技创新

　　科技创新是原创性科学研究和技术创新的总称。原创性科学研究是提出新观点(包括新概念、新思想、新理论、新方法、新发现和新假设)的科学研究活动,包涵开辟新的研究领域、以新的视角来重新认识已知事物等。原创性的科学研究与技术创新结合在一起,使人类知识系统不断丰富和完善,认识能力不断提高,产品不断更新。科技融入时尚为服装增加了许多新功能,如防风、防雨、保温等功能是为了满足人们户外活动的基本需求,适应户外巨大的环境变化,防油污、抗皱的衬衫和西服则是为了适应人们的日常快节奏生活而开发的。新技术在服装设计上的应用使未来的服装可能具有让人意想不到的特殊功能,如防蚊、发电、可食等。

　　以智能纺织品为基础的创新服装设计也层出不穷。智能纺织品指的是那些非传统的,具有交互功能的纺织品。智能纺织品的功能性使其具有主动感知、形态变化或者自我保护的能力,其功能的分类非常宽泛。当前应用在服装上的智能纺织品主要有可穿戴类纺织品与变色纺织品等(图1-7)。

六、支持产业发展

服装设计是与服装面料设计生产、服装生产、服装销售、服装定制等部门或企业紧密联系共同发展的。其中服装设计不仅对上游的服装面辅料设计与生产环节有方向性要求,而且对相随的服装生产环节有一定要求,还对下游的服装销售环节有明确的指导作用。新一季服装的流行趋势与新的面辅料的材质、图案、色彩紧密相关,服装设计师创造的新的服装结构将运用于生产,新型缝纫设备产生的新工艺会为服装设计带来新的工艺外观效果,服装设计新品的风格走向、系

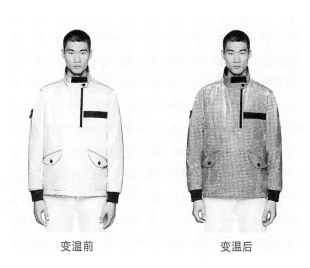

变温前　　　　　变温后

图1-7　意大利品牌 Stone Island 最被大众所认知的面料热感变色技术(Heat Reactive)已十分成熟,图为该技术与迷彩混合应用而生的热感迷彩 Ice Jacket 系列

列搭配将决定销售终端的陈列以及新品的推广方式、产品目录册的形式等具体细节。服装设计的蓬勃发展对于整个服装行业的发展有着积极的意义,有力地支持着整个服装产业的发展。

七、强调多元功能

在社会科学中,多元指不同种族、民族、宗教或社会群体在一个共同文明体或共同社会的框架下,持续并自主地参与及发展自有传统文化或利益。在现代社会中,服装是组成人们物质生活不可缺少的重要部分,为了适应人们生活的多元化趋势,服装也具有并且越来越强调多元功能。服装的多元功能可以理解为服装同时具有多重功能,包括保护人体的基本功能(如冬季的羽绒服的防寒保暖、夏季的连衣裙的散热降温)、对人体的修饰功能(如女性内衣的塑形保护)、美化人体的装饰功能(如各类时装的千变万化)、表明身份的标志功能(如警察制服的警示标识)、显示身份地位的社会功能(如高级晚礼服的雍容华贵)等,这些都是服装所具有的功能。随着社会经济与科技的发展,还有一些新的功能也展现出来并为人们所青睐。如户外运动服的干爽透气性与防水性同时存在,童装色彩的警示性,西装面料的防油污功能等。这些功能和谐并处于服装中,为人们的现代化生活提供更多的便利。

八、集合学科交叉

学科交叉是指两个或多个学科相互合作,在同一个目标下进行的学术活动。服装设计学科不仅与相关的艺术设计学科交叉,如与纺织品设计、多媒体设计、汽车设计等学科进行交叉,还可以与相隔甚远的学科,如与生物学、医学、计算机学等进行交叉。服装设计学科属于实践性和操作性较强的学科,尖端高深的科技含量很少,进行学科交叉一方面可以避免服装设计学的道路越走越窄,使得服装设计学能够在其他行业技术日益发展变化的同时,不断更新自己的知识体系,为学科注入新鲜血液;另一方面,学科交叉也将流行与时尚带给其他的学科,使其他学科打破自身原有的沉闷面貌,具有时尚感,更加引人注目。

第二章　服装设计基础

第一节　服装设计的概念

服装设计,包含了服装、设计、服装设计三个概念,这是三个彼此关联又有所区别的概念,下文将分别予以解释。

一、服装的概念

在人类生活最重要的"衣、食、住、行"四个方面中,排在第一位的"衣"是人类生活最基本的需求之一。这里的"衣"就是我们常说的服装的名词概念。

此处的服装可有两种解释,一种解释是把服装两个字拆分开来,"服"字作动词解,意为穿,即"使……服","装"字作名词解,服装二字意为穿着服装,这里的服装表达的是人体在穿着服装之后的一种整体状态。

另一种解释是作纯粹的名词,即以物质形态存在的用于覆盖、遮蔽、美化人体的服装。作为名词解释的服装亦有广义和狭义的解释。

广义的服装:指衣服、鞋帽、服饰配件的总称,包括首饰、帽子、围巾、包、腰带、手套、鞋袜等,还包括任何意义上的一种装束,比如作为非常规状态的服装,用来表现设计思维的拓展,尝试新的服装形式,突破传统概念上的服装形式,使服装设计的范围更加广阔。如图 2-1 所示,是日本

图 2-1　日本著名服装设计师三宅一生的身体雕塑概念服装,以非服用材料制成的上衣抛弃了服装的实用性与舒适性,用以表达对服装与人体之间关系的一种思考

著名服装设计大师三宅一生(Issey Miyake)采用非服用材料设计的概念服装。这种服装已远远抛弃了保暖、御寒、蔽体等服装的自然属性,也不再具有标志身份、区分性别等社会属性,它所表达的是服装设计师对服装的思考,是一种全新观念的服装。这种信马由缰、独辟蹊径的设计带给人们的是在形式上对服装的另一种理解。

　　狭义的服装:泛指用织物制成的用于穿着的用品,是日常生活的重要组成部分。从服装的物的角度去看,狭义的服装包括服装造型、服装材料、服装色彩、服装结构、服装工艺等几大基本要素。对于狭义的服装,还可以有不同的分类方法。如按年龄分可分为童装、少年装、青年装、成人装、中老年装等;按品牌定位可分为高级时装、时装、成衣等(图2-2、图2-3、图2-4);按产品品类可分为大衣、风衣、套装、衬衣、裤子、裙子、内衣等;按气候季节可分为春秋装、夏装、冬装等;按性别可分为男装、女装;按照服装材质可分为纤维服装、毛皮服装、革皮服装、其他材料服装等;按照字母廓形可分为 A 形、T 形、H 形、O 形、X 形、S 形、B 形等(图2-5、图2-6、图2-7、图2-8、图2-9、图2-10、图2-11)。

图 2-2　高级时装　　　　　　　　　　图 2-3　时装

图 2-4　成衣

图 2-5　A 形(Dior)

图 2-6　T 形(Dior)

图 2-7　H 形(Raymond Duncan)

图 2-8　O 形(Christian Lacroix)

图 2-9　X 形(Hardy Amies)

图 2-10　S 形(Dior)

图 2-11　B 形

二、设计的概念

设计的语义非常广泛,人们生活的方方面面都与设计相关。

设计 design 一词是由拉丁语 designare、意大利语 disegno 和法语 dessin 融合而成,最早源于拉丁语 designare 的 de 与 signare 的组词。signare 是记号的语义,从这一词义开始,又有了印迹、计划、记号等意义,如今 design 一词已融入了现代生活的"计划后的记号再现"设计意义。今天的设计一词,广泛应用于各个领域,包含了意匠、图案、设计图、构思方案、计划、设计、企划等众多含义。

人类的生存离不开各种各样的物品和器具,如食器、房屋、衣服等。对于这些物品,人们不仅要求实用,还要求美观,即人们在创造这些物品时,意识中存在够用好用的理性心理需求和好看漂亮的感性心理需求。由此可知,"用"和"美"是人们的自然愿望,这种愿望产生了设计的意识,在实际生活中,这种意识的形成促成了设计的实践,这种实践行为的产物即设计产品。

因此,设计就是为满足用的功能性和美的感性心理需要而展开的劳动行为,是"用"和"美"的意识融为一体的产物,是为达成某种目的、表达某种效果进行的计划、设想、构思、设计实施的创造性立体思维及实际行为的过程。

设计与艺术是有区别的。艺术的美是纯粹的美,无需考虑经济性与实用性,而设计是必须受到实用性的限制的。艺术家不喜欢按照订货合同来进行艺术创作,尤其不喜欢按照购买者的意图来创作,因为这会使得艺术家不能够精确地表达自己的艺术理念和思想意识。但对于设计师来说,必须把消费者的需求放在首位进行设计创作。因此,设计是在实现使用价值的基础上来表现美的工作。为了满足使用价值,很多时候,美感的表达会受到以实用为目的的限制(图 2-12)。

图 2-12 视觉传达设计作品

三、服装设计的概念

服装设计属于产品设计的范畴,是一种对人的整体着装状态的设计。服装设计是运用美的规律,将设计构想以绘画形式表现出来,并选择适当的材料,通过相应的技术制作手段将其物化的创造性的行为,是一种视觉的、非语言信息传达的设计艺术。服装设计的对象是人,设计的产品是服装及服饰品。

服装设计包含了多方面的内容,既有关于设计对象——人的内容,也有关于设计产品——服装的内容,还有关于设计传达——设计信息的内容。本章将逐一对这些内容进行介绍,以期使大家对服装设计这门学科有一个清晰而完整的概念。

第二节　服装设计的要素

世界上任何事物都是由具体的要素组成的,服装设计亦是如此。我们从客观的角度来分析服装设计,了解构成服装设计的要素,这些是成为一名服装设计师必须了解的知识,也是今后进行服装设计的重要技术资源。

一、造型要素

点、线、面、体被称为形态要素,是一切造型艺术的基本要素。点、线、面、体四者之间是相互联系的,既可以相互转化,又具有相对性,难以进行严格的区分。点沿一定的方向连续下去会变成线,线横向排列会变成面,面堆积起来就形成体。造型中的点、线、面、体也是相对而言的,相对于一片森林,一棵树可以看作是点,但相对一片树叶,一棵树就是体。造型中的点、线、面、体与形状中的点、线、面也是有差异的,造型中的点、线、面、体是三维实体,是具有长、宽、高的三度空间。

点、线、面、体是造型艺术表现最基本的语言和单位,具有符号和图形特征,能表达不同性格和丰富的内涵,其抽象的形态,赋予艺术内在的本质及超凡的精神。在造型学上,点、线、面、体是一种视觉上引起的心理意识。在服装设计中,点、线、面、体,包括肌理是造型设计的基本要素,点、线、面、体作为服装造型设计的基本要素,是造型元素从抽象向具象的转化,是抽象的形态概念通过物质载体在服装这一实物上的具体表现。

(一) 点

点在设计中有概括简化形象、活跃画面气氛以及增加层次感等作用,富有创意的设计师可利用不同材料、肌理形成点的设计,做出独具个性的设计作品。

1. 点的概念

点是一切造型的基础,从造型上来讲,点是具有空间位置,并且具备大小、面积、形状、浓淡甚至方向等属性的视觉单位,可以用作各种视觉表现。点可以通过任何形状出现,比如方形、圆形、三角形、四边形等规则形状,或任意不规则形状。在几何学上,线与线的相交形成点,点不具有大小,只有位置,而在造型学中,点必须具有大小的要素及面积和形态的特点。点是设计的最小单位,也是设计的最基本元素。利用点的聚集联合进行的空间创造即点的构成。点与点之间的引力大小左右着点所形成的线和面的性质。

2. 点的种类

造型学中的点不仅有着数量的划分,还有着大小与形状的划分。对于单个点而言,它在画面中是力的中心,有集中、聚焦视线的作用,它总是企图保持自身的完整性,有极强的视觉冲击力。当画面中有两个同等大小的点时,两点之间具有张力作用。张力作用表现在两点之间的连线上,并且点的引力和点的距离成反比。当空间中有两个大小不一的点时,视线总是由较大的点转移到较小的点。在视觉形式中,点在生成的同时就具有了一定的大小。点与面之间有时并无绝对界限,如何判断取决于点与画面的比例关系以及点与其他形状之间的比例关系。在造型学中,点可以具有任何形状,如几何形、有机形或自由形,可以是固态或是液态,可以是一颗螺丝钉或是一滴水,也可采用任何材料或是肌理来表现。

3. 点的表情

点的大小与形状的多样性与点被运用的目的及用于表现的材料、肌理具有密切联系。不同的目的、功能、观念、表现手段、工具、材料、媒介塑造出来的点呈现不同的外观特点,具有不同的视觉表情。

(1)点的大小与形状给人不同感受:大点给人感觉简洁、单纯、缺少层次;小点给人感觉丰富、有光泽感、琐碎、零落;方点具有秩序感和滞留感;圆点则有运动感、柔顺和完美的效果(图2-13)。

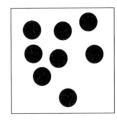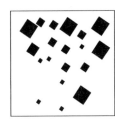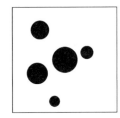

图2-13　点的大小与形状

(2)点的位置关系给人不同感受:点在空间中居中时,给人稳定集中的感觉;点的位置上移时,会产生下落感;点移至下方中间时,会产生踏实的安定感;点移至左下或右下时,会在踏实安定之中增加动感(图2-14)。

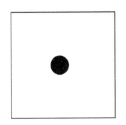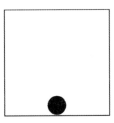

图2-14　点的位置

(3)点的线化和面化:点的构成形式多种多样,点按照一定的方向有秩序地排列,形成线的感觉,点在一定的面积上聚集,形成面的感觉(图2-15、图2-16)。

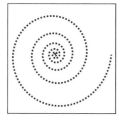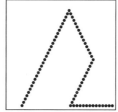

图 2-15　点的线化

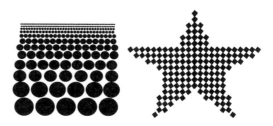

图 2-16　点的面化

4. 点在服装中的表现

　　点在服装中有着丰富的表现形式,既可以以单个点的形式出现,如拉链头、小的 logo、小型印花或刺绣图案、小的破洞、铆钉等,也可以以多个点的形式出现。以多点的形式出现在服装上的点随着排列形式的不同,会产生不同的效果。如手缝线迹、拉链齿、纽扣等作为点元素进行构成时,是以线状排列的,而一些小型几何图案、根据花型进行排列的烫钻、装饰钉珠等则是以面状的形式出现的(图 2-17、图 2-18、图 2-19)。

　　单独的点出现在服装上,往往会成为服装的视觉中心,如胸花、腰扣等。这时,点的位置十分重要,它将决定服装的重点部位,也是观赏者注意的焦点所在。因此在进行设计时,要注意把这个作为视觉中心的点放在合适的位置上。当多个点出现在服装上时,以线的形式排列的点更能表现出线的视觉效果,如直线效果、曲线效果等(图 2-20)。以散点形式出现的点则会表现出面的效果。对于点的安排和运用,要根据具体的设计效果来决定(图 2-21)。

(二) 线

　　线是人类用以描绘事物最常用的造型元素。原始壁画无一不是以线进行表现的,它最活跃,最富有个性,也最易于变化(图 2-22)。

图 2-17　单个点在服装上出现成为视觉中心
(Dior)

图 2-18　以贝壳、羽毛、玻璃等材质制成的小饰品点缀全身,在深色的服装上熠熠生辉(Céline)

图 2-19   密布的黑色珍珠散落全身,如夜空中繁星闪烁(Elie Saab)

图 2-20   从上到下逐渐变大的刺绣圆点图形拉长了人体的比例(Dior)

图 2-21   品牌标志性的黑白笔触符号点缀全身,使黑白色的服装增添活力(Off-White)

图 2-22   原始人用简洁洗练的线条反映自然世界与精神世界。这是新石器时代晚期的贺兰山岩画中原始人描绘的太阳神,双眼重环代表神仙,外围的光芒是阳光,构图圆满、线条流畅,生动传神(摄于宁夏银川贺兰山岩画保护区)

1. 线的概念

线是点移动的轨迹,是由点的运动产生的。在二维空间中,线是极薄的平面相互接触的结果,是面的边界线。在三维空间中,线是形体的外轮廓线和标明内结构的结构线。轮廓线是形体在纵深空间中侧面的压缩,结构线是形体正面构造面之间的交界。从数学上讲,线只有位置、长度和方向。从造型学上讲,线具有位置、长度、粗细(宽度)、浓淡、方向等性质,线由于面积、浓淡和方向的不同,可用作各种视觉表现。线是物体抽象化表现的有力手段,它具有卓越的造型能力。线的聚集和封闭都会形成面。线在构成中的运用是平面造型表现的关键。利用线的基本性质进行形态的空间创造即线的构成,如用线的粗细、浓淡、间隔和方向等属性进行造型的空间表现。

2. 线的种类

从属性上说,线可分两种:直线和曲线。直线主要包括水平线、垂直线与对角线,其他任何直线都是这三种类型的变体。曲线从形态上说可分为几何曲线与自由曲线,包括波浪线、锯齿线、螺旋线等。一般而言,几何曲线具有单纯直率、有序稳定的特点,自由曲线呈现出自由放松、无序而富有个性的特点。粗线具有力度,起强调的作用,细线则精致细腻。

(1)直线:具有力量的美感,简单明了、直率果断。它自身的张力和方向性是造型表现的关键。

① 水平线:持续地呈水平方向无限伸展,相对平静、安定、柔和、无争,被称作沉默的线条。

② 垂直线:垂直于水平线,与水平线一同被称作"沉默的线条"。它庄重、攀升,具有一切发展的可能性和温暖感。

③ 对角线:由中分上述两条线得来,通过画面的中心,倾斜的方向造成强烈的内在张力,充满运动感。它敏感、善变,但又具备原则性。

④ 任意直线:或多或少地偏离对角线,往往经过画面中心。它具有对角线的大部分性格特点,但极不稳定和失去原则。

⑤ 折线或锯齿线:由直线组成,是在两种或多种力的作用下形成的线形。它具有紧张、焦虑、不安定的情绪性格。

(2)曲线:具有圆润、弹性、温暖的阴柔之美。它较直线减弱了冲击性,却蕴含着更大的韧性,具有成熟的力量感。

① 规则曲线:符合数学规则、较严谨、有规律的几何曲线。圆形是规则曲线的典型代表,椭圆形、心形等均为封闭的几何曲线,抛物线、规则波浪线、螺旋线等属于开放的几何曲线。规则曲线的整齐、端正及对称性使它具有秩序美感(图2-23)。

图2-23　规则曲线

图2-24   自由曲线——巴黎地铁入口系统

② 自由曲线:用绘图仪器制作不出来的、徒手画的自由之线。自由曲线更加伸展、奔放而不拘泥于形式,流露出优雅、柔软的女性情调,流畅的线条充满表达的欲望和视觉的魅力。19世纪末处于艺术综合时期的"新艺术运动"所流露的特征恰是以运动感的线条为审美基础,对各种艺术的综合。这种以线条为基础的美学原则曾风靡一时。巴黎地铁入口系统的设计就是在这种艺术氛围下诞生的,时至今日仍然作为"新艺术运动"的典型作品,成为巴黎的一处著名景观(图2-24)。

3. 线的表情

在服装画中,线的表情往往依照表现技法不同而多有不同。用各种画线工具,如铅笔、钢笔、圆珠笔、鸭嘴笔、毛笔、粉笔等可绘制出有细微差异但整齐、明确的线条。用一些非画线工具并利用特殊技法可制作出各具个性、表情独特的线条。用棉线弹压的线条纤细、敏感但异常坚定。用毛线弹压的线条模糊、暧昧却隐藏着执著。用玻璃棒、叉子、牙签等硬性工具制作的线条流畅、强劲、果断而肯定。用纱布、纸巾等软性工具制作的线条圆润、粗犷但温暖、含蓄。

线将粗细、长短、方圆、松紧、疾涩、连断、主从、藏露、刚柔、敛放、动静等对立的审美属性统一于广阔的审美领域,在相互对立、相互排斥又相互依存、相互联系中实现线条的和谐之美。恰当地运用几何曲线和自由曲线可形成线造型的形式美感。

4. 线在服装设计中的表现

线在服装中是必然存在的,一件服装可能没有点的构成,但必定有线的构成。首先,服装的分割线就是不可缺少的线的构成。其次,服装的外轮廓也是线的表现。再次,服装的内部结构也存在着或多或少的线的构成,如省道、口袋、褶裥等。最后,还有一些以线的形式出现的装饰,如狭窄的花边、车缝线迹、流苏等。深受服装设计师们喜爱的条纹图案也是很直接的线的表现(图2-25、图2-26、图2-27)。

图2-25   条纹面料(Parthenis)

图 2-26　线状装饰（Susanne Wiebe）

图 2-27　拉链分割线（Versace）

　　线在服装中的表现与线的形式直接相关,服装中线形的不同会影响服装的风格倾向。直线干脆、爽朗、男性化的性格会使服装具有干练、严肃、庄重、中性化的风格倾向（图 2-28）。曲线柔美、圆润的性格则会使服装表现出浪漫、温柔、妩媚、可爱、女性化的风格倾向（图 2-29）。有时,仅仅是线形的变化就会改变服装的整体风貌,因此,在进行服装风格的调整时,改变服装的线形是一种常用的方法。

图 2-28　直线在服装外形及分割线中的大量应用使服装具有中性化倾向,显得干练、利索（Gucci）

图 2-29　曲线在服装外形及分割线中的大量应用使服装具有女性化倾向,显得柔美、浪漫（Valentino）

（三）面

面是相对于点和线较大的形体，它是造型表现的根本元素。作为概念性视觉元素之一，无论对于抽象造型或是具象造型，面都是不可缺少的。

1. 面的概念

在几何学中，面是线移动的轨迹。面只具有长、宽两度空间，没有厚度。直线的平行移动为方形；直线的回转移动成为圆形；直线和弧线结合运动形成不规则形。因此，面也称形，是设计中的重要元素。

点的大量密集产生面，一个点在一定程度上的扩大也可以成面。线按照一定的规律排列产生面，线以一定轨迹运动且呈封闭状形成面。例如：垂直线或水平线平行移动，其轨迹形成方形；直线以一端为中心呈半圆形移动可形成扇形；直线回转移动构成圆形；斜线向一定方向平行移动，并呈长度渐变形成三角形。各种平面图形的产生方法数不胜数。面具有长、宽二维属性，面在三度空间中的存在即是"体"。面在二维画面中所担任的造型角色比点和线形态显得更为稳定和单纯。

2. 面的种类

根据面的形态，可以分为三大类。由直线或曲线或直线和曲线两者相结合形成的面称为几何形，也称无机形。这样的形状是按几何学法则构成的，简洁明快而具有数理秩序与机械的冷感性格，体现出理性的特征（图2-30）。不可用数学方法求得的有机体的形态称为有机形，这样的形状符合自然法则，亦有规律性，具有生命的韵律和淳朴的视觉特征，如自然界的鹅卵石、树叶等都是有机形（图2-31）。自然或人为偶然形成的形态称为偶然形，如随意泼洒的水迹或墨迹、树叶上的虫眼等，因其结果无法掌控，故具有不可重复性和生动感（图2-32）。

图2-31　有机形——以非洲大陆的各种植物为材料的插花作品（摄于肯尼亚埃尔多雷特，黄晓昭）

图2-32　偶然形——雨后，威尼斯的河道倒映出古老的建筑，水波粼粼构成了具象与抽象交融的独特造型（摄于意大利威尼斯，黄晓昭）

图2-30　几何形

3. 面的表情

　　面的表情呈现于不同的形态类型中。在二维画面中,面的表情是最丰富的,随着面的形状、虚实、大小、位置、色彩、肌理等变化可以形成复杂的造型世界。它是造型风格的具体体现。面的情感与表现手法有关,当轮廓轻淡时,就比使用硬边显得更为柔弱。多样手法使其表现出立体感、韵律感、动态感、透明感、错觉感等多种效果。正圆形的面由于过于完美而缺少变化。椭圆形的面圆满并富于变化,于整齐中体现自由。方形的面具有严谨规范感,显得呆板。角形面具有刺激感,鲜明、醒目。有机形的面在心理上易产生典雅、柔软、有魅力和具有人情味等感受。

4. 面在服装中的表现

　　面也是服装构成中不可缺少的,即使极少数的服装单纯以线构成,也会有相应的面的存在,这个面或者是较小的面积,或者是线的密集排列以形成面的视觉效果(图2-33、图2-34)。人体的某些部位必须被服装覆盖,这决定了面在服装中存在的必然性。而绝大部分的服装是由服装材料构成的,这些材料的本身都是以面的形式存在的,服装的每一个裁片就是一个面。

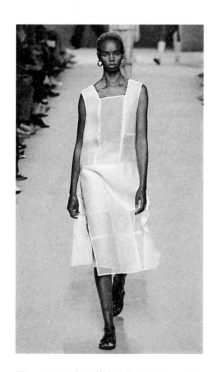

图2-33　面在服装中的表现(Hermès)

图2-34　面在服装中的表现(Akris)

　　除了裁片之外,面还可以以图案的形式出现,如大型的团花、补子等。以大块面镶色的形式出现的服装对面的形式表现力更强。以面为主要表现形式的服装具有很强的整体感(图2-35、图2-36、图2-37)。

图2-35   面在服装中的表现（Guy Laroche）　图2-36   面在服装中的表现 (Talbot Runhof)　图2-37   面在服装中的表现（Akris）

(四) 体

与前几种造型元素相比,体更为厚重、结实,更踏实可信,也更有力度。自然界中最美的有机体为人体,其自然流畅的曲线和柔和平滑的曲面,极富弹性且充满活力。在服装设计中,经常使用有机形体表现优美的造型。

1. 体的概念

体是面的移动轨迹和面的重叠,是具有一定广度和深度的三维空间。相对块状,封闭的形体有重量感与稳定、浑厚感。力度感强的形体犹如人的肌肉,它是最具立体感、空间感、量感的实体,具有长、宽、高三维实体特征。

2. 体的种类

从构成上可以把体分为五类。圆柱体、圆锥体、立方体、方柱体、方锥体等几种基本形称为单体;两个以上单体组合在一起形成组合体;以平直界面表面所构成的形体,或以直面、直线为主所构成的形体称为直面体;几何曲面体和自由曲面体共同构成曲面体,曲面体的基本形包括圆柱体、圆锥体、圆球体和椭圆体;物体由于受到自然力的作用和物体内部抵抗力的抗衡而形成有机体。

3. 体的表情

几何多面体主要用以表现块的简练庄重感,例如正三角锥体、正立方体、长方体和其他多面立体具有简练、大方、庄重、安稳、严肃、沉着的特点。正方体、长方体厚实的形态与清晰的棱角适于表现稳重、朴实、正直和原则分明的风格特征。锥形物体锐利的尖角显示出与众不同的特征,有力度,具有进攻性与危险感,常用于突破常规的设计表现。几何曲面体是由几何曲面所构成的回转体,其表面为几何曲面,秩序感强,能表达理智、明快、优雅、严肃和端庄的感觉。球体饱满而完整,圆形球体象征美满、新生、内力强大、传统,椭圆形球体容易让人联想到科技、未来、宇宙、生命的孕育等多重含义,倾斜放置则给人以滚动的感觉。由自由曲面构成的立体造型,如柱体等,其中大多数造型是对称形态。规则的对称形态加上变化丰富的曲线能表达凝重、端庄、优雅活泼的感觉。曲块体主要体现块的柔和流畅感,其中最具代表性的是有机体。有机体是物体受到自然力的作用和物体内部抵抗力的抗衡而形成的,它具有流动性强、层次丰富、饱满、柔和、平滑、流畅、单纯、圆润等特征,表现为朴实自然的风格。

4. 体在服装中的表现

服装本身就是一个三维的体,这里所说的体的表现更多的是指服装造型。就整体造型而言,具有膨胀、突兀感的服装体感较强,如传统造型的婚纱、具有强烈创意感的个性化服装等。就局部造型而言,明显凸现在服装之外的服装部件具有较强烈的体感,如加了填充材料的领子、立体袋、以打褶或省道的方式使之膨胀的泡泡袖、羊腿袖等(图2-38、图2-39)。

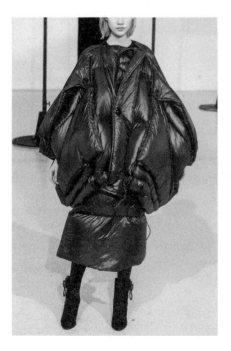

图2-38　体在服装中的表现(Comme Des Garcons)

图2-39　体在服装中的局部表现

体的形式在服装中的表现效果和体的种类有关。体以几何多面体的形式出现在服装中,具有厚重、踏实的效果,会使服装表现出强烈的建筑感和雕塑感;体以曲面体的形式出现在服装中,具有流畅、圆润、饱满的效果,会使服装具有很好的层次感(图2-40、图2-41、图2-42)。

图 2-40　体在服装中的表现（Schiaparelli）

图 2-41　体在服装中的表现（Valentino）

图 2-42　体在服装中的表现（Hussein Chalayan）

　　体在服装中的应用使服装从不同的角度观赏，有着完全不同的视觉感受，这种感受强于以面或线为主要表现形式的服装。在一些以创意为主旨的服装设计大赛中，体积感强烈的服装较易获奖的原因，就是强烈的体积感使服装更富表现力和视觉冲击力。

（五）肌理

　　肌理是由人类的操作行为导致的表面效果，给人不同的视觉感受和心理感受。肌理是形体的构造，与形体关系密切。

1. 肌理的概念

　　自然界中的任一物体表面都具有因其特殊构造而形成的表面特征,可称之为肌理或质感。肌理在设计中是不可缺少的元素,肌理应用得恰当可使设计更具魅力。由物体表面所引导的视觉触感称为视觉肌理;由物体表面组织构造所引导的触觉质感称为触觉肌理。利用同种材料构成的肌理,因材料相同,自然具备统一协调性。当利用不同材料构成肌理时,材料对比变化(形状、面积、色彩等)显著,则侧重在统一协调上(图2-43、图2-44、图2-45)。

图2-43　矿石肌理——经亿万年地质变迁形成的天然矿石,居然呈现出类似于玫瑰花的造型,令人不禁感叹大自然的神奇造化(摄于意大利博洛尼亚矿石博物馆,黄晓昭)

图2-44　丝绸的质感细腻高级,带有柔和稳重的光泽(黄晓昭摄)

图2-45　各种肌理表现——上装与下装分别为不同形式的肌理表现,以条状肌理与团状肌理相对应,使简单的黑色具有了丰富的视觉效果(Alberta Ferretti)

2. 肌理的种类

　　根据肌理的不同感受方式可分为视觉肌理和触觉肌理。视觉肌理通过人眼就可以观察到。形和色是视觉肌理构成的重要因素,这种肌理的表现手法和可使用的材料很多。此外,电脑、摄影与印刷技术的使用也丰富了其表现形式。触觉肌理用手抚摸就可以感知到凹凸起伏,这种肌理在适当的光线下用眼睛也可看到。

3. 肌理的表情

　　肌理的光感效果侧重以视觉为主的造型设计,来自于对物体光泽度的体现。光泽度是由发射光的空间分布所决定的对物体表面的知觉属性。例如:细密光亮的质面反光强,感觉轻快活泼;平滑无光的质面感觉含蓄安静;粗糙无光的质面感觉稳重生动。触感效果侧重以触觉为主的造型设计。

4.肌理在服装中的表现

肌理在服装中的应用主要有两种方式:一种是面料本身所具有的肌理效果。这种肌理有可能是在进行面料设计织造时通过特定的整理手段使之具备的,服装设计师可以直接拿来使用;也有可能是服装设计师根据自己的设计要求对成品面料进行再加工,从而使得面料表现出新的肌理效果。这种处理方法使得服装设计师的设计带有强烈的个人色彩,如对面料进行压绉、烫印、粘合等处理。第二种是在设计作品的表面进行局部的面料再造,使之表现出丰富的肌理效果,如被称之为布雕塑的各种面料处理手法(图 2-46、图 2-47、图 2-48)。

图 2-46　肌理在服装中的表现
(Alexander McQueen)

图 2-47　肌理在服装中的表现
(Valentino)

图 2-48　肌理在服装中的表现(Paco Rabanne)

　　服装肌理的表现手法多种多样,运用较多的是针对服装面料的再造,也称为面料的二次设计。越来越多的服装设计师注重对面料的二次设计。在当前工业化程度和商业化程度都很高的服装环境下,服装设计师想拥有一块与众不同的独特面料是比较困难的。对于面料商来说,面料销量越大越好,而对于服装设计师来说,自己选用的面料和别的设计师选用的面料重样的情况越少越好,这就形成了一个矛盾。想垄断一块漂亮的面料需要付出高昂的成本,这对于一般的服装企业和设计师来说几乎不可能。即使是那些有能力和实力独立开发和生产面料的著名国际品牌,他们的面料也具有时效性,随后也会出现大量的仿制面料。所以,对已有的面料进行二次设计成为当今服装设计师们经常采用的办法。对面料的二次设计既能使服装设计师们拥有与众不同的面料,又能使服装表现出更加丰富和有层次的外观效果,实在是两全其美的事。

二、色彩要素

　　"远看色彩近看花"意指从远处看一件事物,首先看到的是该事物的色彩,近了才能看见它的细节、图案、花纹、装饰等。这句话充分说明了色彩在人们观察事物时的重要性。在服装设计中,色彩要素同样具有如此重要的地位。

(一) 色彩基本知识

　　色彩的基本知识是艺术设计专业学生必须掌握的,本节对色彩的基本概念进行简单介绍。

1. 对色彩的感知

　　人们通过眼睛感知色彩。物体经光的照射产生吸收及反射光线的现象。被物体反射出来的光通过人体的眼角膜、水晶体、玻璃体进入视网膜,再通过视神经传递到大脑的视觉区,人体从而获得色彩信息。

2. 色彩的波长

　　色彩就是"光的色"。人的眼睛接受到一定波长的光,便认识了这种颜色。并非所有的光都能让人认识色彩,有很多光人的肉眼看不见,这些光称为"不可视光",如紫外线与红外线等。人类肉眼可见的光被称为"可视光"。仅在可视光中,人类才可以感觉色彩。

3. 色光色与物体色

　　空中彩虹从外向内顺序地排列着赤、橙、黄、绿、青、蓝、紫,称之为七色彩虹。用三棱镜对阳光的白色光进行分解,被分解出来的光带投映在白色屏幕上,如彩虹一般,被称为"光谱色",即"色光色"。人们在日常生活中看到的自然物(山、海、花草、树木等)的色和建筑物色、家具色、涂料色、染料色、印刷油墨等物体颜色称为"物体色"。物体色与色光色的性质有一定区别,色光色较物体色强烈、刺激、耀眼。物体色是依附于形而存在的,会由于物体材质及表面质地的区别而产生鲜艳、浊暗或者透明、不透明等各种不同的视觉效果。

4. 反射色光与穿透色光

　　我们看到的印刷品及面料的色都是光源照射到物体,从物体表面反射回来的色光。这时我们不能看到已被吸收的色光,而是通过物体表面反射的色光来认识颜色,所以物体色是"反射色光"。同样是物体色,但透过有色玻璃、胶卷、太阳镜等透明物体看到的颜色不是反射光的色,而是未被物体吸收的透过物体的光的色,称为"穿透色光"。

5. 色彩混合

　　色光越混合越明亮,多种光色混色后的结果就是白色光。对物体色来说,多种颜色混合后则成为灰色或接近于黑色的色。色光混合称为"加色混合"。物体色混合称为"减色混合"。当色与色并列放置时,利用人的视觉对它们进行混合。如织物经、纬线的混色,彩色印刷中色点之间的混色等,这类混色的结果不会使颜色的明暗发生变化,被称为"并置混合"或"空间混合"。

6. 三原色

不论使用什么颜色混合都得不到的色就是"三原色"。把三原色按一定比例混合可以得到任何想得到的色,如电视中的各种颜色就是利用三根电子光束来合成的。三原色有"色光三原色"和"颜料三原色"之分。色光三原色是红、绿、蓝。颜料三原色分别是红、黄、蓝。色光混合的最终结果是白色,颜料混合的最终结果是黑色。

7. 补色

补色有物理补色和心理补色两种,在这里,我们对物理补色加以说明,心理补色在"色视错"中讲解。两种颜料混合成为灰色,或两种色光混合成为白色时,这两色之间就是补色关系。补色关系的两色在色相环中位于直径两端180°的相对位置上,把物理补色之间都按180°的相对位置配置而得到色相环,称之为物理补色色相环。

(二) 色彩属性与色调

每种色彩的名称称为"色相"。色彩有明暗之分,色彩的明暗程度称为"明度"。色彩的纯净或鲜艳程度称为"纯度",又称为"彩度"或"饱和度"。色相、明度、纯度是色彩的三要素,称之为"色彩三属性"或"色彩三要素"。

1. 无彩色与有彩色

色彩分为无彩色和有彩色两类,无彩色又称中性色。黑、白、灰是无彩色,只有明度而没有色相与纯度。有彩色多于无彩色,光谱色有200多种,考虑到明暗变化,又有500多种,由色的纯净与混浊造成鲜艳程度有差别的色有170种。

2. 色相

色相由波长决定,如红、橙、黄、绿、青、蓝、紫等。从红色开始到紫色,按照波长的顺序环状排列,再把有对比性质的补色相排在圆环的相对位置上,这种根据多种因素设计的圆环就是色相环。

3. 明度

物体色明度的高低是由白色的量决定的,白色量多则亮,黑色量多则暗。无彩色中,最亮的色是白色,最暗的色是黑色,中间排列着从白向黑过渡的各级灰色,这样从白到黑的无彩色排列称为"明度阶调"或"灰色测试卡"。

4. 纯度

色彩的纯度是指色彩是纯净色还是含某种程度的灰色。物体色的多色混合会成为接近灰色的色彩。因此,可以用色彩呈现的混浊状态去解释灰色。纯度高的色为纯色,从纯净色向灰色的过渡称之为"纯度等级"。

5. 色立体

三维的"色立体"可同时表示出色彩的色相、明度、纯度三属性。如图2-49所示的色立体,纵轴表示明度等级,横轴表示纯度等级,纵切面为

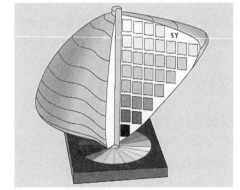

图2-49　色立体示意图

"等色相面",横切面为"等明度面"。

6. 色调

色调是指根据明度与纯度的数值在等色相面(由同一色相组成的色相面)内确定色彩的位置,这个位置的差别就是色调。色调分类中,无彩色分5~9种,有彩色分8~12种。色调的名称使用了多组相对性质的形容词,如强二弱、鲜明二浊、明二暗、浅二深等。也有使用迟钝、灰味感等称呼方法的,如迟钝色调、鲜明色调、深暗色调、亮明灰色调等。

三、材质要素

材质是表达服装设计师的设计灵感和思想的物质载体。任何天马行空的设计构想都需要依赖于具体的材质来表现,因此,材质对于服装设计师的重要性不言而喻。选择甚至创造出恰当的材质来表达自己的设计构思是服装设计师必须完成的重要工作。服装设计师的创作构思不一定是先有灵感来源,然后才启发出对材质的肌理、质感的构想,有时材质本身就会引发设计师的创作灵感。

总体而言,服装材质可分为面料和辅料两大类。服装面料是体现服装主体特征的材料,是制作服装的材料。服装辅料是指在服装中除了面料以外的所有其他材料的总称。

(一) 服装面料

由纤维或纱线所制成的纺织品称为织物。一般包括机织物、针织物和非织造物(无纺布)。从原料的角度可将服装面料分为棉织物、麻织物、丝织物、毛织物、化纤织物、皮革、裘皮、人造毛皮、人造革、合成革、新型面料及特种面料。设计师选择面料更关注面料的手感、外观效果及塑型性。

(二) 服装里料与絮填料

在服装设计中,里料和絮填料是仅次于服装面料的材质元素。服装里料指服装最里层的材料,是为了补充只用面料不能获得服装的完备功能而加设的辅助材料,通常称里子或里布。服装絮填料是填充于服装面料与里料之间的材料,可赋予服装保暖、降温和其他特殊功能(如防辐射、卫生保健等)。

(三) 服装衬料与垫料

服装衬料是位于面料与里料之间的服装材料,可以是一层或几层。衬料是服装面料的支撑物,对衬托体形、完善服装造型有很重要的作用。服装垫料可保持服装的造型稳定并能够修饰人体体形(图2-50)。

1. 服装衬料

衬料在服装用料上简称"衬",分类方法很多。按使用对象可分为衬衣衬、外衣衬、裘皮衬、丝绸衬和绣花衬等,按使用部位可分为衣衬、胸衬、领衬、腰衬、折边衬和牵条衬等,按使用原料可分为棉衬、毛衬、化学衬和纸衬等;还可按厚薄质量、加工方式等分类。

图2-50　服装衬料与垫料

2. 服装垫料

服装上使用垫料的部位较多,最主要的有胸、领、肩、膝几大部位。垫料可分为胸垫、领垫、肩垫等。

(四) 服装紧固材料与其他辅料

服装的紧固材料有纽扣、拉链、挂钩、环、尼龙搭扣及绳、带等。这些材料在使用时不破坏服装的整体造型,在某种程度上还能对服装起到装饰作用。其他辅料包括花边、珠片、尺码标、商标、洗标及吊牌等。花边、绳、带、珠片这些材料对服装具有一定的装饰作用,也影响服装的外观(图2-51、图2-52)。

图 2-51 服装紧固材料

图 2-52 服装用其他辅料

四、工艺要素

服装工艺是将服装布料有机地组合起来进行加工制作成衣的方法,是通过工艺技术手段将平面的服装裁片转变为立体服装造型的过程,这一过程千方百计地体现总体设计意图,并将艺术质量与技术质量高度统一。工艺技术手段包括形成产品的各道工序(裁剪、缝制、熨烫、包装等)、各类设备配置(机械、工具等)、服装技术管理(面辅材料、工艺规程、质量检测、工时定额、劳动力分配)等各个方面。

随着科技进步与发展,新型服装机械的出现带来许多新的服装工艺,一些新工艺为服装设计带来新的灵感。对于新的服装工艺,服装设计师必须熟知并不断更新自己的知识体系,及时了解各种新的工艺技术和效果,以便更好地将工艺要素完美应用到设计中去,进而实现理想的设计效果。工艺要素主要包含以下内容:

(一) 基础工艺

基础工艺是所有工艺的基石,包含手针工艺、机缝工艺、熨烫工艺。

1. 手针工艺

缝制线迹包括一字形线迹、二字形线迹、八字形线迹和各种花形线迹,这些线迹通常统称为"手缝"线迹。在不少服装品种生产中,手针工艺必不可少。尤其在一些丝绸、毛料的高档服装制作中,广泛采用手针缝制。运用得当的高超手针技法,其缝制质量与艺术效果是机缝工艺难以替代的(图2-53)。

2. 机缝工艺

　　服装在缝制过程中依靠机械来完成缝制加工的技法称为"机缝"。缝纫机的缝纫是将裁片缝合在一起,通常称为缉缝或车缝。缉缝是服装加工生产中的主要工艺,方法有平缝、搭缝、包缝等多种。在操作上,有的缉暗线,有的缉明线,有的缉双线、三线或各种装饰线,做法不一,具体选用哪种方式要根据服装设计目标来定(图2-54)。

图2-53　在高级定制工作室,高级技工与其助手正在以手缝工艺进行晚礼服的制作

图2-54　现代服装的成衣化生产,多以现代化的缝纫机械完成,在服装生产流水线上操作的工人须具备娴熟的机缝工艺能力。在非洲,越来越多的农民经过中国技术人员的培训成为成衣制造技术工人。图为莫伊大学纺织厂成衣车间的工人正在以现代化的生产方式制造当地人们所需的日常服装(摄于肯尼亚埃尔多雷特,黄晓昭)

3. 熨烫工艺

　　从衣料整理开始,在手缝、机缝工艺的全过程之中,到最后的成品整型,都需使用熨烫工艺,服装界有句行话"三分做,七分烫"指的就是熨烫的重要性。熨烫工艺是技术性很强的工序,要求操作者了解必要的人体结构知识和熨烫工艺技巧,对不同的服装产品、不同的原辅材料、不同的部件和部位用不同的熨烫技法,以获取不同质量要求的造型工艺效果。

(二) 装饰工艺

　　装饰工艺是指用布、线、针及其他有关材料和工具通过精湛的手工技法,如造花、扳网、镶、滚、盘、嵌、绣、编织、编结等工艺与服装造型相结合,以达到美化服装的目的。在现代服装设计中,装饰工艺是必不可少的,它的种类和技法千变万化。将装饰技法巧妙地应用于服装,不仅提高了服装的附加值,而且能突出服装的个性(图2-55)。

图 2-55　制作精美的具有多种风格纹样的花边织带

(三) 部位工艺

在服装上的有关部位进行加工制作的工艺统称为部位工艺,包括省缝工艺、底边工艺、贴边工艺、裁片角工艺、开衩工艺、袖头工艺、腰头工艺、腰带工艺、粘衬工艺、挖扣眼工艺、风帽工艺、装垫肩工艺等。

(四) 门襟工艺

门襟是服装中比较醒目的主要部件,其功能是为了让服装穿脱方便,还能与领、袋、衣身等互相衬托,和谐地表现服装造型美。门襟的结构设计很有讲究,在服装的前身或后背等部位,从顶端到底部的全开口称为门襟,如果开口没有达到底部则称为半门襟。有些服装的门襟不受传统位置的制约,常在肩部、胸部、侧缝、后背上部等处留有开口。不同部位的门襟造型设计和不同工艺结构形式的巧妙组合,极大地增添了服装款式的情趣。

(五) 口袋工艺

各具形态的口袋造型不仅装饰了服装款式,增添了审美情趣,同时还提高了服装的实用性。服装口袋造型无论怎样变化,按其工艺特征基本可以分为三类:贴袋、插袋、挖袋。这三类口袋的结构各有特点,即使是同类袋型也各有差异,缝制工艺也不尽相同。

(六) 领子工艺

领子处于服装上最引人注目的部位,对服装的外观起着重要的作用。领子的缝制技术要求比其他部件高,其操作难度也大。领子款式繁多,千姿百态,按其造型特点可以归纳为开放式领型、关闭式领型和无领式领型三大类。服装领型千姿百态,各类领型的做领与装领工艺的质量要求有着微妙的差异。

(七) 袖子工艺

袖与衣身的肩部及袖窿的形态密切相关,它与衣身变化组合可有许多款式和造型。袖子的分类方式很多,按装袖工艺的不同可分为连袖、装袖、插肩袖、冒肩袖、组合袖。按袖子的缝制工艺可分为单做与夹做工艺。对于不同结构及不同造型风格的袖子,在缝制之前需设计出相适应的工艺流程、工艺质量要求和缝制方法。

(八) 整件服装缝制工艺

如何将各个服装部件科学地组装成一个整体十分重要。缝制工艺流程混乱会直接影响服装质量和工效。服装新造型、新材料的层出不穷导致缝制工艺也不断更新和变化,但工艺流程的设计原理和基本技艺是不变的。一般按结构和工艺处理方法不同,可分为高、中、低三个档次。简做服装具有成型轻巧、柔软舒适、洗涤方便的特点。精做服装具有成型挺括、造型生动、穿着得体的特点。

五、结构要素

服装结构是服装设计师画在纸面上的服装平面款式图向实物转化的重要因素,没有对服装款式结构的分解与设计,服装设计师的奇思妙想将可能永远停留在纸面上。因此,服装设计师也许不需要去完成服装的结构制图,但必须熟悉并掌握服装的结构设计。在进行款式设计时,要清晰详细地画出服装的平面款式图,准确表现出服装的正反面以及一些细节部位的造型结构特征,要求比例正确,并标注成品尺寸。这是能够使设计构思得以准确实现的技术保证的第一步。

服装结构要素是服装设计的重要组成部分,其知识结构涉及人体解剖学、人体测量学、服装卫生学、服装造型设计学、服装生产工艺学、美学等,具有艺术和科技相互融合,理论和实际密切结合的偏重实践的特点。只有应用结构要素,才能研究服装立体形态与平面展开图之间的对应关系、服装装饰性与功能性的优化组合、结构的分解与构成规律。

对于服装设计师而言,无需对上述方面有多么精深的研究,关于衣片结构的计算与衡量主要是由服装打版师完成的。

结构线条是服装设计师在进行服装造型设计时不可忽视的一部分。服装的内部分割线与造型线要与服装整体外轮廓相适应。外轮廓硬朗的设计其内部结构分割线条往往也具有同样的性格特征,直线、折线造型使用较多;外轮廓柔美贴身的设计较多使用各种妩媚、浪漫的曲线型结构分割线。

局部造型是款式细节设计的一部分,同时也是局部结构的构成。如领部造型,无论是繁复多褶的轮状领型,还是潇洒飘逸的垂荡领型,都是服装款式与结构的组成部分。同样,服装的局部设计要注意与服装整体设计风格相吻合,而其结构的拆分解读就需要打版师去细细琢磨了。可以说,服装设计师完成的是结构要素应用的第一步,服装打版师完成的则是第二步。

六、配件要素

服饰配件也是服装整体设计的重要因素之一,包括帽子、围巾、手套、鞋袜、腰带、包袋等实用品,还包括耳环、胸针、头饰、腰饰、腕饰等装饰品。服饰配件在服装的整体设计中虽然处于辅助地位,但其作用不可低估,它可使服装产品或品牌的整体性、丰富性、人文性和艺术性得到更强烈的表现。服饰配件在服装中起着重要的作用,适当、合理的服饰配件装饰能使人的外观视觉形象更为完整,服饰配件的造型、色彩以及装饰形式可以弥补某些服装的不足,而服饰配件独特的艺术语言也能够满足人们不同的心理需求。

第三节　服装设计资源

服装设计资源包括支持设计工作使其顺利进行的物质资源,为服装设计师提供大量参考信息的信息资源和进行设计表现及实现设计的技术资源。

一、物质资源

古人云:"兵马未动,粮草先行",意即做任何事情,物质保障是最重要的。一般意义上的物质资源主要指长期固定存在的生产物资,例如设备、机器、建筑物、厂房、运输器械等。服装设计是一项脑力劳动和体力劳动相结合的工作,对于物质资源的需要相对比较简单,主要包括以下内容:

1. 工作空间

服装设计师进行工作的场地,主要包括服装设计师工作室、打版师工作室、样衣制作间、面辅料仓库等。

2. 工作家具

服装设计工作的整个流程包括从设计构思的纸面表达到实物制作完成的一系列任务,所需要的家具主要有桌椅、资料橱柜、龙门架和衣架、穿衣镜等。

3. 工作设备

包括与服装设计师协同工作的相关人员所需设备:

服装设计师——纸、笔、颜料等绘画用品,电脑、扫描仪、绘图板、打印机、网络设备。

服装打版师——尺、笔、橡皮、纸张、胶带及其他打版需要的辅助工具。

样衣制作室——裁剪台、平缝机、锁眼机、拷边机、熨烫设备。

以上物质资源主要是针对设计创作所需的基本物质,不包括展示,更不包括实际生产和配送等环节的物质需要。

对于规模较大的服装公司来说,因为资金雄厚,设计部门的设施配备全面,上述资源都会有。对于中小服装公司来说可能有些压缩与合并,如打版师与设计师共用一间工作室。对于一些小型服装设计工作室或由服装设计师自己创立的小公司小企业,可能只有一间办公室,设计、打版、制作都在一起。事实上,许多今天部门清晰、设备完全的大公司大企业,都是从创立初期的一个个简陋房间发展起来的。

二、信息资源

信息能帮助人们提高对事物的认识,为了减少活动的盲目性,信息资源不可或缺。一名优秀的服装设计师不仅要掌握服装的信息资源,还要具备根据这些信息预测未来流行趋势的能力,向社会提供既能体现时代精神和民族风格,又富有审美情趣并充满吸引力的服饰。

(一) 信息的收集

收集服装信息的途径很多,服装设计师通过多方位、多途径的收集、分析、归纳、整理、储存信息,把它们作为设计的依据,有利于服装的创作设计。

1. 收集的途径

服装设计信息根据来源可分为两类:直接信息和间接信息。直接信息包括四个方面:知名品牌、设计师的服装发布会(图2-56),权威机构的流行研究发布,国内外流行情报导向,当前的商场和街头时尚的动向。间接信息是指服装设计经常从各种艺术形式获取灵感,如影视艺术、绘画艺术、园林艺术、建筑艺术等(图2-57、2-58)。

图 2-56　直接信息——服装发布会

图 2-57　间接信息——绘画艺术为服装设计师们带来无数色彩、线条和图案的灵感

图 2-58　装饰工艺——以拜占庭建筑中最具特点的马赛克壁画作为主线，将细碎精美的壁画印在质感硬挺的丝织面料上，加上宝石、珠片装饰，仿佛行走的壁画一般

2. 收集的内容

收集的内容包括与流行相关的信息和与消费者相关的市场信息。

（1）收集流行色、流行面料及款式信息

对于流行色的收集需要关注国际流行色协会(专业委员会)每年发布两次的色彩趋势预测，及其所推出的国际流行色卡。对于流行面料的信息收集主要是参观国际面料展览会，收集展会上发布的新面料、图案及饰物细节等。对于款式信息的收集，主要是从巴黎、米兰、纽约、东京等四大国际服装中心举办的一年两季的国际著名服装设计师的发布会上获取。

（2）收集消费者反馈的消费需求信息

作为服装生产企业的服装设计师，除了要了解和掌握国际服装流行信息外，还要及时收集消费群体对服装的需求信息，通过社会调查、商场信息反馈、商品展销等手段来抓住消费者心理，进行有效的针对性的设计。如果缺乏市场调研，对消费者心理需求不甚了解，闭门造车，就有可能出现设计款式无特色、产品结构不合理、价格定位不准确等情况，从而导致产品过剩、大量积压等现象，严重影响企业效益。

(二) 信息的分析

在当前这个信息海洋里，想捕捉到自己需要的、有价值的信息，服装设计师需要具有较强的信息意识，能够对服装信息进行综合分析。

1. 社会信息分析

社会信息包含几方面内容。一是关于社会政治制度、意识形态。服装是社会与时代的象征，反映了一定的社会集团意识、道德等诸方面的思想、精神面貌以及社会思潮的影响。二是关于传统习惯。包括由地区、民族长期的传统习惯形成的服装着装模式，以及因宗教信仰形成的色彩偏爱。三是关于经济状况与生活类型。由不同国家、地区的经济条件决定的生活水准和观念形成了不同的生活类型和消费能力，也使人们对服装的材质、造型、图案等形成了不同的需求。四是关于科技进步与发展。随着科学技术水平的不断提高与发展，许多新型纤维和服用材料不断问世，服装设计也走向多样化，为人们的生活提供了更多的选择与便利。

2. 环境信息分析

环境信息相对社会信息要稳定，主要是对季节、气候与穿着场合的分析。在不同的季节里，人们对服装的面料、色彩、款式的需求不同。服装设计师必须做好市场调查，掌握好流行趋势。在产品投放市场之前及投放的过程中，要密切注意市场反应。虽然处在相同的季节，但南北方的气温差异有时较明显，服装设计师要关注气候变化的情况，以便及时提供适时的产品。服装设计师还要掌握设计对象所处的环境与场合，根据不同场合的着装要求进行设计创作。

3. 市场信息分析

对市场进行准确的信息分析，做好市场竞争策略，可使自己设计的服装更好地在市场内流通及销售。新颖的着装能够体现着装者独特的品位，也能够充分表达消费者的着装观念。服装设计师要了解消费者的真正需求和想法，从消费者的着装心理出发，设计出符合其心理需求的服装，才可能在市场上立于不败之地。同时，服装设计师在服装设计中应考虑到服装的市场定位。在保证设计效果的情况下对面料的选择要尽可能降低成本，在保证服装质量的前提下设法降低服装的成本价格，使其更容易为消费者所接受。服装设计师还必须关注售后情况，了解设计产品在消费者使用的过程中出现的问题及消费者对产品的评价和建议。

4. 传播信息分析

一种新的时尚流行必须要经过传播，才能真正发挥它的作用。服装传播信息主要包含两大因素。一是大众消费传播。由于各个国家的政治、经济、文化、历史等不同，产生了各个不同层次的消费群体，群体之间的相互传播交流、相互制约使得大众消费传播形成了促进服装消费的主流。二是历史文化传播。服装设计师在设计服装之前应对国内、国外的服装历史有系统的学习和了解，对世界各国、各民族不同的服装进行借鉴和吸收，博采众长，将各种元素巧妙地融合在服装中，使服装设计作品更具可看性和时尚性。悠久的民族历史和服装民族文化常常成为服装设计师设计构思的重要来源。

(三) 流行的预测

关于流行服装的预测具有鲜明的时间概念。目前许多流行发布机构预测的时间不同，有的预测十个月到一年以后，有的预测的是两年以后，还有的是一年半左右。正确的流行预测会为产品设计指明方向，对消费者的购买进行引导，更是厂商利益、商品成败的关键。

三、技术资源

技术是人们以实现某种特定目标为目的来改造客观世界的特定方法与手段，具有条件性、抽象性、目的性的基本特征。技术具有两个层面的含义，既包含生存、生产用工具、设施、装备等具象内容，又包含语言、数字、数据、信息、系统、组织方法和技巧等抽象内容。

因此，服装设计的技术资源可以理解为服装设计师用以进行服装设计工作的一切可利用的客观存在形态。服装设计与开发的过程包括设计、分析、分解与制作。与这些过程相关的技术资源主要有在设计与分析过程中需要用到的图书资料、图片文件、设计软件、制图软件等，在分解整合过程中需要用到的文字与图片编辑软件、样衣、样料、样册等，以及在制作过程中需要用到的各种缝纫设备、服饰配料等。

在服装设计过程中，上述客观存在形态都需要有具体的人来使用，而使用它们的本身也是一项具有技术含量的工作，需要使用者具备一定的技术与技巧。因此，运用服装设计技术资源的服装设计师、服装打版师、样衣工人等也是构成技术资源的重要的人的因素。对于服装设计师而言，只有在这些相关技术人员的配合之下，才能够完成服装设计过程。

第四节　服装设计人才

每个希望成为服装设计师的人都有一段漫长而艰苦的路要走。服装行业对服装设计师的基本要求是什么？在当今市场化的大潮中，服装设计师的工作有哪些类型？服装设计师在企业中的职责又是什么呢？服装设计师在不同的服装企业中能够为企业带来什么？服装设计师的职业对于服装行业又有着怎样的作用？以下将对这些问题进行阐述。

一、知识结构

服装设计专业学习者基本可以分成两大类。一类是消极派,糊里糊涂地进入了这个专业,可能是为了有个大学读,也可能只是听从家长的意见,本身对服装毫无兴趣就入学了。其中多数人在拿到毕业证书后,没有从事服装设计这个职业。也有少数人身上隐藏着尚未苏醒的宝贵才能,虽然在进校时对服装设计兴趣不大,但在他们了解这个职业,爱上这个职业后,就会投身其中成为佼佼者。另一类是积极派,带着服装设计师的梦想,目标明确地进入这个专业,这样的人具备了成为设计师的一个重要条件——兴趣。兴趣是做好一件事的基本出发点。没有兴趣,再简单的事也将成为苦役;有了兴趣,再艰苦的事也会充满乐趣和意义。对于服装设计师这一职业来说,风光的背后包含了很多汗水,如果没有兴趣支持,那么这些工作都将成为不可能的任务。

但是,仅仅靠浓厚的兴趣是不足以成为一名合格的服装设计师的,成为服装设计还应具备全面的知识结构,如图 2-59 所示:

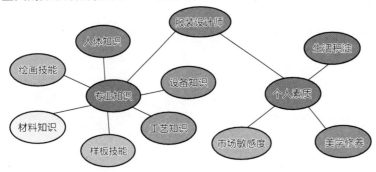

图 2-59　服装设计师的知识结构

(一) 全面的专业知识

服装设计工作的技术性比较强,尤其对于企业来讲,设计工作的强弱往往决定着企业的兴衰。因此,具备多方面的专业知识和技能是对每一个服装设计师的基本要求。服装设计师应接受全方位的系统培训,具备多方面的知识,只有这样,才能成为一个知识面广、有修养,有眼光的专业服装设计师。

1. 熟知人体结构和活动规律

服装设计脱离不开人体,服装设计与打版制作都要根据人体结构和活动规律来进行。人体的各个部位及其运动机能都会对设计和制作产生影响。例如,对稍有含胸的体形,服装的前领窝要开得深一些,后领窝要向上提;O 形腿或者腿形不大美观的人不适宜穿瘦腿裤或过多地暴露腿部;针对北方地区销售的服装和针对南方地区销售的服装在裁剪、版型及规格设计上都应该有所区别;劳动场所和社交场合穿着的服装也应不同。

2. 能够表达设计意图

服装设计师良好的构思与方案需要用图形的方式表达出来,而不能仅靠语言的描述。任何设计作品都是由人的最初设计意图转变而来的,服装设计师表达这个意图的方法就是抓住转瞬即逝的灵感,以飞快的速度绘制出设计草图。他们通常以速写的形式,只用寥寥数笔就把设计的最初想法表现出来。在商业设计中,还需要以服装效果图的形式记录和表现服装款式设计构思,将服装的款式变化、结构特点、色彩配比组合及流行特征直观地表达出来。这是每位服装设计师所应具备的基本技能。

3. 掌握服装材料的基本属性

　　服装设计的基本要素主要指造型、色彩、材料。造型和色彩是由选用的服装材料来体现的，即服装材料是服装造型和色彩的物质载体，是体现设计思想的物质基础和服装制作的客观对象。服装的其他要素也无法脱离服装材料而独立存在，所以掌握服装材料的基本属性，能够合理地对材料进行再创造、灵活地运用及搭配各种材料是进行服装设计的重要条件。

　　设计师应具备了解服装材料、熟悉服装材料风格、善用新型服装材料、可对服装材料进行再创造的专业知识与技能。日本著名服装设计师三宅一生 1993 年推出的"Pleats Please"褶皱系列采用当时全新的材料和制作工艺，其服装的外观可随着人的运动而压缩、弯曲、延伸，从而展现出千姿百态。不仅如此，这一系列衣服不会皱，可用机洗，5 分钟即干。这种新型的材料和工艺一经运用便立即轰动巴黎（图 2-60、图 2-61）。

图 2-60　以岛屿为主题的设计充满色彩和趣味，表达了人们对自然的向往和热爱　　图 2-61　以学校为主题的设计将化学符号印在薄雾般的褶皱上，强烈的色彩组合创造出时髦风格

4. 掌握打版技术

　　有人认为，服装设计师只要能明确地画出服装效果图和平面款式图就行，结构纸样的绘制是打版师的事。其实不然，服装的结构和版型的基本原理也是服装设计师不可缺少的专业知识，掌握了这些知识和技术，可以加深服装设计师对服装的理解，完成从服装插画师向服装设计师的转变。服装设计师并不一定要拥有一套打版的绝活，但是必须懂得从草图转变成样衣的全过程。只有这样才能将制作上的实际特点和窍门运用到服装设计中去，使设计更切合实际，更具有可操作性。世界上许多著名的服装设计大师既是一流的设计师又是一流的打版师。

5. 了解生产设备与工艺

　　服装生产设备种类繁多，尤其是一些辅料及装饰品的生产制作设备种类更是数不胜数。了解服装生产设备的用法,可以帮助服装设计师完善和细化局部设计,有时会收到事半功倍的效果。而对服装生产工艺及流程的深入了解能起到细化设计、完善版型的作用,使设计意图得到充分展现,设计品质得到大幅度提高。新的科技手段在服装产业的不断运用,为服装的加工与制造提供了越来越多的新型设备,可实现许多新的加工工艺,这无疑也为服装设计师带来更大的设计空间。

(二) 良好的个人素质

要真正做好一份事业,光靠专业知识的积累是不够的,个人素质是否完备是专业知识能否如鱼得水、淋漓尽致地发挥出来的重要因素之一。就服装设计师而言,完备的个人素质表现为以下几个方面。

1. 增加生活积淀

服装设计是用艺术的设计手段来美化人们的生活、满足人们的需求,这需要服装设计师对设计对象的生活给予关注,可以说生活是服装设计的源泉。例如,在设计儿童服装时,设计师应该尽可能地与儿童多接触,了解小朋友的活动特点、心理特征及其成长规律,这样才能设计出符合小朋友身心发展的精品童装;设计孕妇装时,要了解孕妇的特殊体形、活动特点及心理状况。只有这样才可能使设计作品同穿着者产生共鸣,满足消费者生活及心理需求。

服装设计的灵感来源于生活。一片美丽的景色、一件新奇的物品、一个事件的发生、一种思潮的涌现都会给服装设计师带来无穷的设计灵感。如兴起于20世纪六七十年代的波普艺术,对20世纪后半叶的许多艺术门类都产生了深刻的影响。服装设计为波普艺术提供了最通俗的注解,在服装面料、图案、样式上表现出新奇与刺激的特点(图2-62、图2-63)。

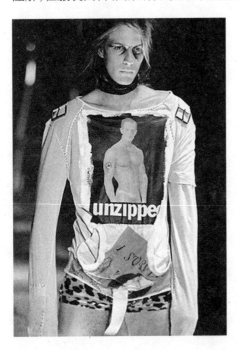

图2-62　波普风格男士时装

图2-63　波普风格长裙

2. 培养市场洞察力

服装产品属于流行敏感性很强的产品,经营的成败主要取决于市场的接受程度。人们生活中有许多微妙的变化可以间接而迅速地影响到服装的需求,这无疑也为市场需求和商家盈利埋下了各种机会。优秀的服装设计师总能在这些微妙的变化中寻找到新的需求,创造出当前市场中没有但却存在着巨大市场潜力的产品来。这种能力就是对市场的敏锐洞察力。

3. 提高美学修养

要使自己的设计符合大众审美标准,服装设计师的设计需要符合一般的设计原理,而且具备震撼人心的艺术魅力,这一切都需要服装设计师有很好的美学修养。特别是当服装设计师的创作处于构思和草图阶段时,对造型和色彩的安排以及对材料和细节的处理都将用艺术的感性手段来对待。此时服装设计师的工作具有艺术性,是用艺术的形象思维来考虑问题的。良好的美学修养可为服装设计师提供对于美丑的评价标准,按照这种评价标准设计的作品会是集品位与灵性于一身的设计佳品。

二、组织结构

当前,多数服装公司的组织结构包括商品企划(产品设计开发)、生产、销售和财务四大部门,商品企划部门一般包含产品设计和生产管理两个职能机构。产品设计机构主要是在收集分析市场信息的基础上进行具体的设计活动(如材料的选用、概念设计的出台、产品设计的展开、版型的制作、样衣的试制等)。产品设计机构是服装企业的核心机构,这一机构的成员能够各司其职、各负其责、分工合作、默契配合是该机构正常运转的前提(图2-64)。

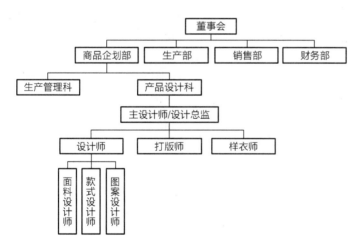

图2-64　现代服装公司设计部门组织结构图

(一) 设计机构

设计机构的工作内容涉及到对目标市场的把握乃至销售工作的开展,范围很广。一般来说,企业中设计机构的人员数量与企业的年销售额有关。年销售额少的小型服装企业可设置3~4人,年销售额大的企业所需的商品设计人员数量相应较多。

(二) 工作类型

1. 专为服装设计公司工作的设计师

设计公司(设计工作室)这一形式在国外已发展了很多年,这种机构是专门为那些没有设计能力或者设计能力不足的中小品牌公司工作。设计工作室向这些品牌公司出售设计成果,以满足或补充这些品牌公司的设计需要。

一般情况下,服装设计公司(设计工作室)是由多名设计师共同组成的,他们各有所长、互为补充。服装设计公司(设计工作室)一般不注册商标,其设计产品是通过吊挂客户(品牌公司)的商标在市场上与消费者见面的。

2. 为同一品牌工作的设计师组合

在众多的服装品牌中,常常会有一些品牌的服装设计师不为人知晓。事实上,这类品牌的服装设计师常常是作为一个团队在一起工作的。如 Zara 的设计师遍布全球,每一季针对总部的设计方案与主题,不同地区的设计师会进行再创意,以期在品牌整体风格的基础上形成适合该地区的设计路线。同一品牌所拥有的不同设计师团队携手打造这个品牌,不会在宣传中突出某一个设计师,而是强调品牌的知名度和品牌的设计内涵。

3. 自由设计师

自由设计师最大的特点是他们没有固定的合作伙伴,不受企业和品牌风格的约束,可以自由地发挥创作才能。他们会为了参加服装展览会进行设计,也会为时尚类影视节目进行设计,有时还为某个公众人物的特殊着装需要进行设计。

在充分按照自己的想法进行设计的同时,有些自由设计师也会走商业化道路,建立自己的品牌。为了树立服装设计师的个人形象,这种品牌的设计产品往往通过特殊渠道进行销售,常常具有鲜明的设计师个性印记,属于小众化的设计产品。其目标消费者少而精,相对比较固定,产品单价高、风格独特(图 2-65)。

在我国,一些自由设计师的设计作品初现舞台,设计师品牌也初露端倪。那些不愿受企业掣肘的服装设计师会选择这种职业状态来做自己想做的设计,其中尤以年轻设计师居多。

4. 服装定制设计师

国内外都有专为个人量身定制服装的公司。在法国,有著名服装设计师专为世界知名人物、皇室贵族等消费者量身定制的服务方式;在中国,以量体裁衣的方式为顾客定做服装的裁缝店自古就有,这种定制在相当长的时间里是中国人解决穿衣问题的主要渠道。随着 40 多年的改革开放与经济飞速发展,传统的定制店也在发展变化着,一些服装设计师成立了根据顾客的需要为顾客设计、搭配出全新形象的设计工作室。

图 2-65   高级女装(Valentino)

5. 专为趋势研发机构工作的设计师

有很多公司专门预测研发流行趋势,发布流行信息。这些研发机构把流行权威机构发布的趋势,包括色彩、面料、成衣等与国际服装设计大师发布会的作品结合、串编起来,分门别类地整理出男装、女装、童装以及运动装、休闲装、礼服等的流行趋势预报,然后再把它们编绘成册销售给服装公司。在服装公司,这些书刊往往会成为服装设计师重要的工具书和参考书。

服装设计师只有纵观全局,明确自己供职的机构和自己所服务的设计对象的类型,摆正自己在整个机构中所处的位置,才能明白自己的职责和权限,把握住自己的设计原则。

三、工作职责

虽然供职于不同机构的服装设计师在工作形式上可能存在差异,但服装设计师的基本工作职责是相同的,工作的出发点是要能够满足消费者和经营者的需要,在工作的过程中要能够进行产品设计及整合设计,还要能够与制作部门很好地沟通。

(一) 满足消费者的需要

对服装设计师而言,首先要明确自己的真正价值体现在市场上。能够设计出使消费者感到"物超所值"的商品,赢得市场消费者认可的才是真正有价值的服装设计师。在充满创意的服装发布会上展示的服装表现的是服装设计师的创意才华和天分,只有把服装发布会上的流行元素推向大众消费者,将设计作品变成在市场上广受消费者喜欢的商品,才能最终体现服装设计师的价值。因此,能够源源不断地推出迎合市场、引导市场需求的产品的服装设计师,才是成功的服装设计师。

(二) 满足经营者的需要

多数服装设计师都是服务于企业或品牌的,必须在企业和品牌运作的大框架下进行设计。不管服装设计师的个性如何独特,都必须在符合企业经营理念的基调下进行设计。如果不顾企业经营理念,只是一味地发挥个人才华,既损害了品牌形象及利益,又毁坏了服装设计师的个人形象。因此,服装设计师既要有个性、有才华,又要有非凡的整合适应能力,能满足经营者的需要,并在市场的接受中保持个性的显现,这对设计师来说是极大的考验与历练。

(三) 进行产品设计及设计整合

进行产品设计是服装设计师的本职工作,服装设计师要通过对市场的把握,借助设计作品自身比例、均衡、呼应等形式的组织,创造出能够体现现代人审美要求和时代精神的产品,并使其最大限度地满足消费者的实用需求,兼顾实用性与审美性。在实际生活中,情况往往没有这么简单,服装设计师的设计作品不单单是个人的作品,它必须同本品牌其他产品共同推出,这就要求服装设计师须兼顾产品与产品之间、系列与系列之间的互相渗透、融合、搭配的关系等,以保证品牌形象的完整、统一和稳定。

(四) 与制作部门进行沟通

设计效果图的完成只是完成了设计工作的一部分,要实现整个设计还需完成服装生产制作的过程。因此,服装设计师不能忽视材料、设备和生产技术对设计的限制,相反,应注意利用这些限制,创造出在同等条件下比别人更高一筹的设计。这需要服装设计师了解结构工艺、制作流程、设备,尤其是一些专用设备的使用效果等。在设计中充分考虑到这些环节对成品的影响,在设计后能制作出切实可行的设计工艺指示书,并随时与生产制作部门进行沟通。

第五节　服装的审美

任何事物的美都应该是一种综合的整体美,即把各要素组织连接为完整的统一体的美。服装的审美亦不例外。服装设计师的工作就是通过计划与组织把不同的单个要素组织起来,创造出一个综合性的组织体,即完全意义上的服装,这个组织体(即服装)在能够满足人们对于保暖、护体等物理需求以及标识身份、社会地位等社会需求的同时,还能带给人们美的享受。

因此,服装的审美是一种综合美。这种综合美包含了多方面的内容:服装自身的美、服装设计师所创造的设计的美、作为服装的主要支撑的人体的美等。这些方面共同构成了现代服装审美。

一、服装审美特征

现代服装在经过了近百年的发展后,到今天已形成了一个相对完整的体系,从审美角度出发,经过总结与归纳,现代服装基本上具备如下的审美特征。

(一) 简约化

从服装发展史上看,简约观念最初萌生于 19 世纪末,当时西方出现的"新艺术",在设计原则上注重装饰、结构和功能的整体性,发掘"直率美"。同时,在使用新材料与新技术时,简约极受推崇,而设计的主旨在于强调"人类价值",即在服装上褪尽霓虹灯色彩和人为的物质痕迹,防止把使用主体变成被修饰的物。这一艺术思潮对当时的服装艺术不可避免地产生了巨大影响,因此服装上出现崇尚简洁明快的趋势,以明确的服装主题表现设计风格,用干练的造型展示精确的形象。

鲁道夫·阿恩海姆(Rudolf Arnheim)说:"在艺术领域内的节省律则要求艺术家所使用的东西不能超出要达到一个特定目的所应该需要的东西。只有这个意义上的节省律,才能创造出审美效果。"[1]这句话表达的就是审美利用度的概念,是衡量风格单纯性的标准。从格式塔理论[2]出发来解释,即运用人的知觉所偏爱的直线、曲线等,表现出明确有力的视觉走向,出手干脆,描绘洁净,形象利落,如是则服装会显示出几何式建筑的效果。如法国服装设计大师皮埃尔·巴尔曼(Pierre Balmain)追求"纯粹的线条",他善于将从建筑设计中得到的灵感应用到其设计上,他的女装以简洁、优雅、精致的特点获得"活动的建筑"之美誉(图 2-66、图 2-67)。服装设计大师克里斯汀·迪奥(Christian Dior)则认为衣服的分割线越少,效果就越好,内分割线太多则易分散外轮廓线的整体力量,造成服装视觉零碎,不利于审美的统一(图 2-68、图 2-69)。

---

[1]　鲁道夫·阿恩海姆.艺术与视知觉.滕守尧,朱疆源,译.成都:四川人民出版社,1998.

[2]　格式塔:德文"Gestale"的音译,其基本用法是指物体的形状、形式,在这里具有形式在感觉中生成的含义。格式塔心理学核心理论是"整体大于部分之和"。

图 2-66　皮埃尔·巴尔曼的设计作品线条精炼，呈现出几何式建筑的效果

图 2-67　皮埃尔·巴尔曼的作品简洁、精致、优雅，被誉为"活动的建筑"

图 2-68　黑色系飘带露肩晚礼服（Dior）

图 2-69　米色百褶连衣裙（Dior）

现代服装设计美学思想中的简约意识使得服装设计出现了"减法设计",与之相对应的是"加法设计",即对于各种设计元素在服装设计中是减少、排除,还是增加、堆砌。在设计过程中,当设计者的创作欲望燃烧起来之后,会有很多想法出现在脑海中,在激情之下极易把各种设计元素集中表现出来,可能使得作品过于繁琐、累赘,这也是初学设计者最常见的问题。所以,在设计上进行冷处理是十分必要的,服装设计师不但要注意表现什么,也要注意不表现什么,有时不表现是更充分的表现。皮埃尔·巴尔曼在自传《我的年年月月》(*My Years and Seasons*)里告诫同行:真正的高级时装没有多余的附加物,即使一条不必要的线也要舍弃。舍弃也是一种创造,减少也是一种增加,减少的是要素,增加的是效果。能够娴熟地在服装设计中进行减法设计是服装设计师成熟的标志之一。

现代服装简约特点的产生源于人类社会的发展与进步。一方面,随着科技进步,新型缝纫机械的问世导致服装生产方式发生根本性变化,大工业生产取代了原始的手工劳动,手工工艺的一些精巧难以机械生产的方式实现,有些传统工艺巧夺天工的效果是流水线的生产方式难以企及的。这些客观现实促使人们在工业文明条件下寻找当代人的审美情趣,服装的简约风格因为易于机械生产便应运而生。另一方面,伴随着人类生活方式的变化,服装也在进行着由繁到简的进化。现代社会中,人们的生活节奏变得快捷,生活空间扩大,生活方式发生很大变化,对服装利于活动的要求提高,这使得现代服装必须具备简约有效的基本功能。

在服装设计中,"简约"并不代表"简单",这两者既有区别,也有联系。原始服装是简单的,以原始服装的"简单"对比现代服装的"简约",让我们看看两者的差异。

原始服装的"简单"是指服装结构量少,内在构成关系单纯。例如装饰的绳带从一条增加到五条,在结构上没有发生变化,仅仅是数量的增加,但在效果上却有了很大的变化,这是原始美的简单特点。现代服装的"简约"是指用尽可能少的元素,通过元素之间关系的变化取得尽可能大的审美效果。如在一条腰带上增加一块宝石,虽然只增加了一种元素,但结构却变得丰富,这是现代服装的含蓄之处。原始服装的"简单"表现为结构的少,现代服装的"简约"表现为元素种类的少。

原始服装的"简单"是囿于当时生产工具的简陋、生产工艺的粗放,人们不具备追求精细的能力而产生的服装现象。因此,原始服装的"简单"是一个"不得不如此"的结果,是原始人类的被动选择(图2-70)。现代服装的"简约"则是人们有意识的选择,是经过充分精致之后的返朴归真,是考虑到成本与效率的必然结果,是现代人类的主动选择(图2-71)。

图2-70　简单的原始服装——居住在埃塞俄比亚最偏远的地区 Omo 山谷里的 Mursi 部落的女人服装,几乎保留了兽皮的原始形状,未有大的变化

从时间上连贯地看,从原始服装的简单到近代服装的繁复,再到现代服装的简约,服装经历了一个由简到繁再由繁到简的变化过程。从审美的角度来说,是一个否定之否定的过程。近代服装的"繁复"否定了原始服装的"简单",现代服装的"简约"否定了近代服装的"繁复",这两次否定经历了漫长的过程。需要指出的是,现代服装审美范畴否定繁复的结果并不是抛弃,而是扬弃,是有舍有取。从表面上看,现代服装从整体的量上否定了繁复,接近了原始服装的简单,但究其本质,改变的只是过分的装饰,在衬托人体的基础上发展了丰富的结构意识。就服装的丰富性而言,现代服装从近代服装中吸收了大量的有益因素。因此,简约风格并不排斥精细,那些对于服装主题起到强调作用的细节往往是需要精雕细琢的。

图 2-71　简约的现代服装(Balenciaga)

(二) 内蕴化

现代服装的丰富内涵是其审美的另一大特征。古代服装注重的是形式上的表现,可以称之为"外饰艺术",形式上的美与实际的使用之间关系松散,美是用于外在的装饰。服装的功能结构完善以后,工匠们运用绣、嵌等手法将自己的美化想法添加到服装上去。服装相当于一张特殊的画布,是审美的背景材料,人们以它为依托来描绘自己的感想。创作是叠床架屋的加工过程,就好像在原木纹家具上涂了一层调和漆,漆与木纹并不是同一种东西,它们体现出的是外在的装潢效果,是加在家具表层的美。例如,巴洛克时期的服饰追求装饰效果,其繁琐达到无以复加的程度,当时的女装上均饰有大量褶皱和花边以及其他各种装饰。这些繁复的装饰体现了强烈的外饰意识,它们与服装功能没有多大关系,是实用之外的审美添加。这种不顾实用而向极致发展的外饰艺术是附加在服装表层的美,不是服装本身的美(图 2-72)。

现代服装中重视的"内蕴艺术"是一个与"外饰艺术"相对的概念。从现代技术美学的角度看问题,"美"与"用"要尽量一体化,努

图 2-72　巴洛克时期以繁琐见长的女士服饰

力在功能的有序性中体现美的实在性,把物质要求与精神要求协调起来,揭示"用"本身的美,而不是在"用"之外附加些艺术想法。技术美学之父威廉·莫里斯[1]告诉人们,不要在家里放一件你认为有用但你认为不美的东西。"合理美"成了一个重要范畴,完全有用的东西中存在着真正的美,一种物品只要在形式上明显合理地表现出功能就是美的。

在现代化生产中,产品的检验标准包含两个方面:外观质量(造型、色彩、图案等)和内在质量(性能、可靠性、使用寿命等)。两方面缺一不可,产品的外部结构是内在结构的直观表现形式,是内在结构的准确体现,而非产品单纯的表面美化部分和装饰因素。在设计审美中,"用"是审美思路的基础,单纯从美的角度出发来考虑设计效果,那是艺术创作而不是设计。现代艺术设计的任务不仅要解决外观的悦目与好看,更重要的是能使产品符合人的全面要求。对于服装设计而言,服装的外观质量不能简单地理解为仅仅是对服装的美化和装饰,它更是服装内在质量的准确体现,服装设计通过鲜明、新颖、美观的款式以及色彩、面料、图案等元素充分地表现服装的内在功能。

内蕴艺术重视结构秩序,而秩序通向美。衬托和表现人体的美是服装设计的重要目的,标准的人体上身与下身的比例非常接近黄金比,从这个角度来看,上衣下裳能够做到结构恰当、比例协调,就可产生审美的内在魅力。许多服装设计师都具备从功能上发现艺术表现热点的能力,善于在结构内部做文章,其作品的审美质量和技术质量主要体现在形式与功能的联系上。例如服装设计大师香奈儿女士(Gabrielle Chanel)就反对非生活化的、外饰雕琢的贵族风格。她对于妨碍人们行动自由的高级时装提出尖锐抨击,斜纹软呢套装、短厚呢大衣等香奈儿的经典款式均以简洁大方、舒适自然的风格赢得了当时被过度装饰的服装所包围的名媛淑女们的喜爱与追随(图2-73)。

图2-73　香奈儿女士及其经典设计——黑色直身短外套配短裙

---

① 威廉·莫里斯(William Morris):1834—1896,英国拉斐尔前派画家、手工艺术家、设计师。

(三) 人本化

今天,越来越多的设计师开始强调设计要以人为本,人性化设计成为一种趋势和主流。无论是工业设计、建筑设计还是环境设计,人都成为其中的主导因素。对于服装,是否能够满足人的需要、适应人的需求成为重要的审美原则。在服装和人的关系中,曾经有相当长的时间,人成为了服装的"奴隶"而为服装所累。服装在结构上的不合理束缚了人的躯体活动;服装在材料上的不健康损害了人的身体健康;服装在装饰上的繁琐影响了人的正常生活、降低了效率。诸如此类的服装颠倒了人与服装的主次关系。例如,19世纪的欧美女性为了使腰围缩小到当时人们公认的最美尺寸43 cm,不得不忍受束腰带来的"绞刑般的痛苦",所穿戴的鲸骨制的雕花紧身胸衣造成人体内脏移位,腰部纤细,胸臀突出。这种以损害人的健康与生存自由为代价换来的病态美,是对服装效果的变态追求。这种服装与人的关系是不正确的,它带给人的不是享受而是枷锁(图2-74)。中

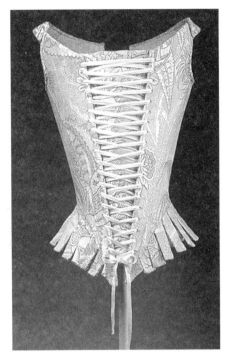

图2-74　丝质绣花系绳紧身胸衣

国古代服装虽然不是改造人体,而是遮掩人体,但其对服装的理解是另一种审美极端的表现。如深衣存留几千年,人体本身的体形变化被覆盖起来,这种服装的目的在于弱化人的本身和个人特点,人为地造成人的社会形象与人的本真状态的分裂与剥离(图2-75)。

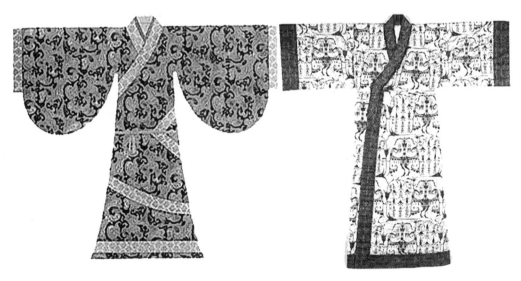

图2-75　中国古代深衣——左图为曲裾深衣,右图为直裾深衣

　　资产阶级民主革命之后,人的个体需求被提高,人们开始重视人的本身,人体解放成了服装界的课题。在这种思潮下,人体得到尊重,其中值得大书特书的一笔就是胸罩的问世。从某种意义上说,胸罩解放了女性的胸部。因此,当时出现了一种极富感情色彩的名字:安宁罩。但凡穿过鲸骨做成的雕花紧身胸衣的女性定会对其发出由衷的赞美。胸罩对女性人体的解放、对女性健康的积极作用使其成为服装史上的大事件。自此,女装的支点由腰腹部上升到肩部,身体则被充分地解放了,这一事件对现代服装影响深远(图2-76、图2-77)。

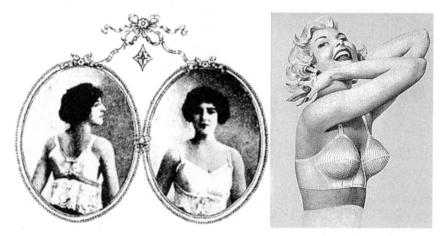

图2-76　早期的胸罩——左图为20世纪10年代的胸罩,右图为第二次世界大战结束时期倍受欢迎的导弹式胸罩

　　在今天的服装中,人与服装的关系回到了正确的位置,人是主体,服装是对人这一主体进行衬托的,服装审美的目的是对主体自然美的弘扬,这是人本意识的重要体现。在今天的设计中,熟悉与了解人体是每位服装设计师的必修课。能够把人体的美、人性的美最大程度地表现与发挥出来的服装才是美的服装,能够实现这一效果的设计才是好的设计。

(四) 抽象化

　　理论上的抽象是用概括性语言来表述众多现象的共性,而审美的抽象则是用单纯化或几何化的形式表现朦胧的情绪。抽象美是人类提炼出的美,它已经脱离了现实世界,人们可以感受到它的精妙,但是无法确定其具体意义。

　　服装上的抽象美多以抽象图案的形式表现,如图2-78所示。现代的抽象美否定了移情内容,摆脱了具体感情的有限性,只保留了朦胧的

图2-77　现代胸罩——以简约性感风格赢得年轻人喜爱的内衣设计(Calvin Klein)

形而上意味,提供出的审美沟通是模糊的情绪指向。无机的形式因素占有突出地位,纯粹的点、线、面、色、质已经丧失了严格的符号性,仅仅称得上是泛符号现象,符号产生了独立的审美意义。理性在它面前显得软弱无力,除了美与不美的感觉结论之外,已经很难作出具有充分逻辑内容的评论。形式的作用变得突出,数学成为了最高艺术法则,在量的结构中体现着形式秩序,心灵因此而获得内在的平静与安宁。服装轮廓线与结构线受到空前重视,装饰内容转向韵味而不是真实,图案的象征意义弱化,抽象美彻底深入到创作中去了(图2-79)。

图2-78　抽象图案(从左至右,从上至下作者为邱怿、黄丽玲、樊帆、李斐儿)

图2-79　运用抽象图案的服装(Leonard)

　　这种趋势最为表面化的现象就是抽象艺术服装的出现。荷兰画家彼埃·蒙德里安(Piet Mondrian)使用最基本的元素——直线、直角、三原色创作组成抽象画面,其作品色彩柔和、充满轻快和谐的节奏感,形成自己独特的风格——新造型主义(图2-80)。蒙德里安对抽象艺术产生了深远的影响,很多服装设计师受其影响,创造出一批清新、明快、简洁、大方、富于现代感的服装作品。服装设计大师伊夫·圣·罗

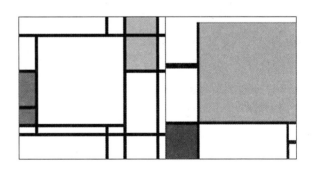

图2-80　荷兰画家彼埃·蒙德里安的红黄蓝构成

兰(Yves Saint Laurent)设计出蒙德里安风格的系列服装,以标志性的红、黄、蓝三色构图的裙子被称为"蒙德里安裙",充分表现出"冷抽象"的艺术特点(图2-81)。类似的设计时至今日仍源源不断地涌现出来(图2-82、图2-83)。

图 2-81　伊夫·圣·罗兰设计的蒙德里安风格系列服装,以标志性的红、黄、蓝三色构图的裙子被称为"蒙德里安裙"

图 2-82　以蒙德里安的艺术形式为灵感来源设计的泳装（Sarah Schofield）

图 2-83　以蒙德里安的艺术形式为灵感来源的设计——Nike 球鞋（左）与 Aerial7 Tank 耳机（右）

　　俄裔法国画家瓦西里·康定斯基（Wassily Kandinsky）的抽象表现主义绘画则被称为"热抽象",在他的作品中,抒情的抽象与几何的抽象有机结合,在几何形的结构与造型中配以光和色,既充满幻想、幽默,也具有神秘色彩（图 2-84）。艺术能对纺织品与服装图案设计产生推动作用,如 20 世纪 60 年代服装界的"欧普艺术"（Optical Art）作品。欧普艺术又称"光效应艺术"和"视幻艺术",其表现特点是利用几何形和色彩对比,造成各种形与色彩的骚动,给人以视觉错乱的印象。其典型构图为黑白两色,多以直线、曲线和三角形等几何纹样进行组合。在服

装上常以各种印花面料的设计进行表现,如传统织物人字呢和格子呢等均属此类(图 2-85、
图 2-86、图 2-87)。

图 2-84　瓦西里·康定斯基的抽象表现主义绘画

图 2-85　欧普艺术典型构图为黑白两色,多以直线、曲线、圆和三角形等几何纹样进行组合

图 2-86　欧普艺术在服装上的应用(Alexander McQueen)

图 2-87　欧普艺术在服装上的应用(Central Saint Martins)

(五) 价值化

在现代社会中,服装作为商品,必然具备商品属性。服装设计师与艺术家的一大区别在于,艺术家在进行创作时可以不用考虑其作品将来的欣赏者经济能力如何,以及他们买不买得起自己的作品,不必根据购买者愿意支付的价格来决定自己在创作时需要投入多少成本;而服装设计师必须考虑消费者的购买能力和消费水平,从而在设计之初就做好设计成本的规划。服装之所以分为高、中、低档,就是因为它们可以适应不同经济层次穿着者的需求。

无论在世界的东方还是西方,当代社会中服装艺术的主要消费者是队伍日益庞大的中产阶级。这些人接受过高等教育,注重生活品质,喜欢有特点的生活方式,讲究文化艺术内涵,在物质享受的过程中追求较高的精神品位。他们一方面向往精致高雅的生活,具有较好的文化艺术修养,一方面又不具备雄厚的财力,对自己的所得比较珍惜,不是挥霍型的消费者。这些特点给服装设计提出了这样的命题:艺术品位要高,成本价格要适当。服装设计师们要面对和解决的问题是服装审美尺度和经济实力的对立及融合。

既要计算成本,将服装的价格控制在一个合理的范围内,又要尽可能地实现审美效果的最大化,使得服装结构合理、工艺精良,具有时尚感和流行性,这就是今天的服装设计师们时刻面对的难题。之所以说是难题,是因为很多时候服装设计的表现效果与服装材料、制作工艺直接相关。毋庸置疑,高档优质的面料、精细的做工能够更深刻地体现出服装设计师的设计精髓,而降低面料的档次、简化做工势必削弱设计的表现效果。服装设计师必须在这两者之间寻找到合适的平衡点。就像一个跷跷板,如何找到经济成本与审美效果的最佳结合点,使之处于稳定的平衡状态,是服装设计师们在设计时必须考虑的。

从消费者的角度而言,服装的价格也会影响到消费者对服装的审美判断。例如,当一名女性对一条精美时尚的裙子发生兴趣时,她会去了解这条裙子的价格。如果裙子的价格是 320元,在其消费能力可承受范围之内,她会对这条裙子产生心理认可,这是一种综合的认可,包括价格、款式、色彩、面料等多方面因素的肯定。如果这条裙子的价格是 3 200 元,超出其消费能力,她对这条裙子的评价会发生改变,否定的将不仅仅是价格,面料、色彩、做工、图案等都有可能令其觉得不满。同一条裙子在同一个人眼中,其审美价值由于价格的变动而发生变化。

(六) 时装化

从本质上来讲,款式的多变是现代服装的主要特征。时装化成为服装审美的重要特征。物质主义与享乐思想的盛行对人们的生活方式产生了巨大的影响,也在很大程度上改变了人们的消费观念。

只有在诸多社会综合条件同时发挥作用的情况下,时装形式才能得以出现、发展和壮大。从服装的生产角度而言,机械化与自动化具有极大的生产能力,可以提供多样化的服装商品。从服装的消费角度而言,随着工业文明带来的丰裕收入和服装成本的不断降低,人们有能力接受超出实用需要之外的服装文化消费。从服装的使用角度而言,工作时间的减少使人们有更多的闲暇来关心个人情趣,不必整天穿着职业装。从服装的社会角度而言,受教育程度的提高开阔了人们的视野,人们在面对新异形象时处之淡然,对新款式的接受程度越来越高,舆论压力越来越小。妇女解放运动破除了束缚女性形象的诸多清规戒律,使她们获得了更多的选择自由。从服装的设计角度而言,交通方式的现代化促进了旅游业和文化交流,异国情调刺激了造型多样化的构思。电视的普及提高了人们的视觉审美能力,使大众对造型艺术的形与色等构成因素有了花样翻新的感受。网络的出现把世界变成了地球村,使人们可以按照新潮的形象文化不断地调整自己的款式概念。多彩的形象是人们生存质量提高的一个重要表现。在第二次世界大战后生育高峰期出生的人在 20 世纪 60 年代进入了青年时代,他们对传统主流文化提出挑战,这部分人的好奇与敏锐使时装发展有了坚实的基础。

时装具有当代的"瞬间文化"特征,变是它的本质。更重要的是这种变不是物质变异,而是精神变异,时装的新与旧主要指的不是磨损程度而是应时程度,心理尺度比物理尺度更为严格,审美寿命也比实用寿命短得多。

(七) 国际化

在信息时代,服装审美文化的差异变得越来越小。巴黎、纽约、伦敦、东京、上海这些大城市的市民装束十分接近。如今的服装美没有绝对的民族私有内容,殚精竭虑的服装设计师们会把各种民族化的元素提炼成现代时装元素融汇到世界服装艺术潮流中去。

"民族的也是国际的"这句话在今天被越来越多的设计师实践着。日本著名服装设计师森英惠(Hanae Mori)是第一位闯入西方服装界的东方设计师,在她的高级时装及高级成衣中,既有日本传统文化的折射,又有来自东方的影响以及东西方服饰理念的巧妙平衡。在森英惠的设计中,真丝雪纺裙子上有日文的陪衬,加长的裙子会搭配和服式的大袖,裘皮领被设计成东方传统服饰的领型,这些都是森英惠从东方民族服饰中挖掘出的元素,她将东方的幻想与西方的奔放融为一体,组成了森英惠出名的标志服装。而正是这些,使森英惠在竞争激烈的巴黎时装界占有一席之地(图 2-88、图 2-89)。

图 2-88　森英惠在巴黎发布的带蝴蝶图案友禅风格的印染布料礼服,被誉为"蝴蝶夫人的世界",色彩由浅至深充满安定感,皮草宽腰带与黑色海水相呼应,拖曳及地的披风汲取和服大袖特征,衣和披肩结合,构思独特

图 2-89　森英惠 1973 年的作品——丝绒晚装直筒长裙,现藏于印第安纳波利斯艺术博物馆。方形长袖,宽腰带,鸭蓝色上樱花盛开的艳丽图案,融合了东方和服的韵味与西方晚礼服的优雅

在森英惠之后,三宅一生、高田贤三(Takada Kenzo)、山本耀司(Yohji Yamamoto)等在当今国际时装界享有很高声誉的日本设计师虽然在设计上风格迥异,但无一不是根植于日本的民族观念、习俗和价值观,将本民族的传统文化与西方服饰元素巧妙结合、融汇贯通。这些服装设计师的产品流行于世界,同时张扬着鲜明的日本民族风格,这不仅仅确立了他们自身的国际地位,同时也确立了东京作为国际时装之都的地位(图2-90、图2-91、图2-92)。

图2-90　三宅一生的作品　　　　　　图2-91　高田贤三的作品　　　　　　图2-92　山本耀司的作品

越是民族性的艺术,越是具有国际性,这是深刻的辩证美学思想。民族艺术具有独特的风格,丰富着世界文化宝库,可以作为素材,幻化出各种时新的艺术作品。民族元素也成为许多服装设计大师取之不尽用之不竭的灵感宝库,世界各地的不同民族各自拥有着独特的民族文化,那些曾经作为明显特征用以区分民族的元素与符号成为了服装设计师进行服装设计创作的重要素材,一季又一季地为人们带来不同风格与韵味的服装享受。

随着时代的发展和进步,民族服饰也在不断地吸收着外来文化,以适应不断变化的环境与需求。当这种变化迎合了某一段时期人们的心理需求时,民族服装也可能具有流行性而成为国际性的服装。以旗袍为例,最初的清代旗袍俗称大裁,是中国传统服饰的平面结构,款式不分男女,这种款式是无法在现代社会里穿着的,只能随着时代的进步而消失。我们今天看到的旗袍是经过三次改革才得以留存至今。第一次改革之后,虽然旗袍还呈平面结构,但具有收腰效果,显示出女性的曲线美,开始与男袍区别开来;第二次改革之后,旗袍的收腰效果更加明显,衣长也缩短了;第三次改革出现在20世纪40年代初,旗袍出现胸省、腰省、斜肩缝、装袖、两侧开衩加大,彻底改变了平面结构,使其更加贴身和女性化。今天的旗袍在基本形式上保留了最初的样式,而在结构上则完全接受了西洋服装的立体结构,用以表现人体曲线美。在中国文化越来越被世界关注的同时,旗袍作为中国服饰文化的象征之一被许多西方设计师用于设计当中,在一定时期内成为国际的审美潮流(图2-93、图2-94)。

图2-93　清朝时期的旗袍——皇后婉容身着盛典旗袍

图2-94　改良旗袍——20世纪30年代的旗袍。左图人物为当时的歌星周旋,右图人物为当时的影星胡蝶

所谓海纳百川,有容乃大。实践证明,一个民族越封闭,其服装文化特色就越鲜明独特、越纯粹,也就越缺少发展活力。而越是开放的民族,其文化越具有包容力,其生命力也就越强。

(八) 平民化

人类物质文明与精神文明的进步带来的平民化趋势对服装审美也具有重大影响。在现代社会,服装平民化是一种历史的必然,社会民主意识的普及、人们对自由意志的追求、个性解放潮流、经济的发展与人们购买能力的提高,都对服装平民化起到了积极的推动作用。

服装艺术平民化的重要标志,就是巴黎作为时装之都地位的削弱。具有强烈宫廷意味的巴黎服装曾经在欧洲服饰中占据统治地位长达数百年,巴黎也因此顺理成章地成为世界时装之都。但时至今日,纽约、伦敦、米兰、东京等城市在服装流行潮流中也发挥着越来越重要的作用,甚至在某些方面超过了巴黎的影响。巴黎时装之都地位的萎缩,世界服装都市的多元化,表明服装艺术的非权威性特征得到加强。

高级时装的衰落、高级成衣的崛起也代表了服装审美的平民化趋势。高级时装的服装对象是上流社会、达官显贵,而高级成衣的服装对象主体则是中产阶级。1968年的"巴黎五月革命"所形成的民主平等化思潮不仅推动了当时的政治变革,也影响到了服装业。高级时装开始衰败,面向富裕且人数众多的中产阶级的高级成衣迅速发展。这其中极具前瞻性眼光的法国服装设计大师皮尔·卡丹(Pierre Cardin)率先举起了高级成衣的大旗,为此他不惜放弃法国高级时装协会成员的身份。这一极具平民意识的举动在当时的高级时装界掀起轩然大波,皮尔·卡丹高级成衣大获成功的事实证明,这一决定是正确的并且是顺应了时代发展趋势的(图2-95)。此后,一些高级时装设计师纷纷效仿,开辟高级成衣市场,直至成立高级成衣协会,代表"高级成衣"这一曾被高级时装设计师们认为难登大雅之堂的"低档货"被时装界正式认可。20 世纪 70 年代以后,高级成衣蓬勃发展,与高级时装一样每年举办两次发布会,高级成衣形成了压倒优势,人们常常在高级成衣展举办 3 个月后才迎来当季的高级时装展。高级成衣以优良的艺术效果和相对低廉的价格获得了更多消费者的欢迎,专为贵族所享用的服装艺术从此走向了平民阶层。

图 2-95　法国服装设计大师皮尔·卡丹 1966 年的服装设计作品

　　服装艺术平民化的另一表现就是面向大众生活寻找创作素材。服装设计师们开始关注大众生活,在芸芸众生之中寻找设计灵感,把平民的东西引到服装艺术殿堂中去。伦敦街头的涂鸦艺术堂而皇之地登上了路易·威登(Louis Vuitton)的新款包袋(图 2-96、图 2-97、图 2-98)。名媛淑女们为迪奥(Dior)新一季的朋克短裙着迷,牛仔、嬉皮、印第安文化、黑人文化等这些人们视之为底层文化的元素成为了服装设计师们的新宠。服装设计师们不断地以这些底层文化、平民艺术为灵感,设计出充满街头风格或反叛意味的服装,而这些服装因具备了强烈的平民文化元素而为人们广泛接受并成为流行。

图 2-96 LV 集团美术设计总监,设计师马克·雅各布(Marc Jacobs)手拎与斯蒂芬·斯普劳斯(Stephen Sprouse)合作推出的涂鸦手袋

图 2-97 路易·威登 2009 Graffiti 系列产品,包括包袋、鞋、围巾、挂饰等,均以涂鸦艺术为设计灵感

图 2-98 普拉达(Prada)与艺术家詹姆士·琼(James Jean)合作推出的涂鸦艺术皮包

二、服装审美规律

在服装审美中,不仅造型中的线条要素需要实现统一,色彩、图案、材质等各要素之间也需要相互协调,形成服装自身的整体美,并且服装与耳环、项链、帽子、鞋、包等饰品之间的协调也很重要,加之着装者的化妆、发型、比例等,构成了一种整体搭配的美。因此,服装设计师所进行的不仅是服装本身的设计,而且是包含了着装者及环境因素的一种全面的整体设计,这就更要求多方面要素的统一。

(一) 流行美

在现代社会,流行与服装的美无法被分开来考虑。流行的东西不一定都是漂亮的,但它在流行期会受到人们关注,结果让人认为很美,最后对此造型具有认同感。流行是因为具有认同感的人很多(图2-99)。

图2-99　20世纪80年代中国的流行服饰。左图为当时的踏脚裤,流行的程度达到不分男女老幼人人都穿的地步,而实际上这种裤子对人的体形要求很高,并非适合人人穿着。右图为当时的电影《街上流行红裙子》的剧照

(二) 造型美

人体着装后能产生立体感,充分发挥服装的造型美。传统的中式服装、日本的和服等服装是需要从平面来欣赏的,在穿着后服装造型会发生很大变化。西服等立体造型的服装多半呈立体状态,穿着与否对服装的造型影响不大。形体美取决于量感,服装的立体轮廓以及细部由形状和大小对整体效果的适合程度决定(图2-100)。

(三) 材质美

材质影响形体本身的美,其外观对服装的整体效果具有很大的影响。形体与材质两者中一方得到重视,另一方将被忽略。例如,我们在欣赏某些服装的形体美的时候,会忽视服装材质的质量、图案的构思。近年来,服装设计向视觉效果即形体美、功能性优良、触感良好等综合效果方向发展(图2-101)。

图 2-100　银白色缎质裙连披肩,完美的造型给人优雅高贵的感觉(Christian Dior)

图 2-101　紫色晚礼服,多种材质的巧妙组合,使得同一色调的服装材质表现出不同的美(Valentino)

(四) 色彩美

色彩影响季节感、轻重感、明暗感、收缩膨胀感,对人的感情也带来很大的影响。考察服装美时,单纯考虑颜色的情况要远远少于考虑色彩的搭配。此外,相同色彩表现在不同材质上给人的感觉会有很大差异。

(五) 技术美

高超的技术能够使服装表现出比原先的材质更美的效果。技术不仅包括设计服装的形态技巧,还包括刺绣等装饰工艺。尤其在现代服装中,技术含量的增加会使服装更耐人寻味。服装中包含的技术展现的其实是人的智慧与力量,这种对技术的审美是从一个侧面对服装设计师与服装制作工人的赞赏,更是对人类自身能力的认可(图 2-102)。

图 2-102　红色天鹅绒刺绣短外套,绣工极其繁复,令人叹为观止

第六节　服装设计的审美

设计美学是创造美的哲学。从社会角度来看,设计美学是生活、生产用品和社会环境美化的审美表现形式,是创造者或设计师运用各种科学技术、艺术方法和工艺技巧的表现过程,并使所创造出的形态具有满足人们生活的实用性、使用方便性、视觉美观性的特征。同时,其形态可以有效地带给使用者心理上和精神上的愉悦感。

从文化角度来看,设计美学是贯穿于设计构思、灵感、企划、制作、生产、使用等一系列过程中的审美哲学,是集美学、哲学、艺术学、工程学以及社会学、心理学等众多学科于一体的审美表现形式,既表达了人们物质和精神生活的协调需求,又体现出社会生活方式和思想观念,是时代性、科技性、思想性、艺术性以及审美观念的综合折射。

一、设计美学特征

设计美学是研究艺术设计在社会、自然界、文化等领域中的审美规律和创作过程,探讨艺术创造美的本质,联系创作过程中的关系的一门哲学。

设计美学的特征包含以下方面的内容:

(一) 综合性

形态表征、内涵与外延综合构成设计美学。设计美学的形态表征是指设计物品的视觉形态艺术美,主要表现为视觉形态上的设计形式美,如造型形态美、色彩匹配美、材质肌理美、细节装饰美、匹配和谐美等,是可见的视觉要素。设计美学的文化内涵包含设计物品视觉形态的艺术风格等与设计艺术哲学有机结合而诠释的符合时尚的文化内涵,如设计美蕴含的复古意韵、流行艺术风格、构成结构以及衍生的哲学内涵等,是存在于精神世界的感知内容。设计美学的外延则是设计美感来源的延伸探索,是设计技术美和设计师个性与人格魅力、品位格调的体现(图2-103)。

(二) 特定性

现代设计的认知过程基于改善现代社会和现代生活的计划内容,其

图2-103　20世纪西班牙杰出建筑家安东尼奥·高迪(Antonio Gaudi)大胆采用具有地方特色的炫丽的建筑材料谱写出一座座立体建筑的宏伟诗篇,被誉为"建筑史上的但丁"。高迪的年代是19世纪欧洲完成工业革命、开始机器化生产、令知识分子厌倦刻板化设计的年代,也是19世纪末"新艺术"运动兴起的年代,高迪是"新艺术"运动践行者,其建筑设计突出表现曲线和有机形态,宛如屹立在地中海的"盆景"艺术。图为建造于1905—1907年间的巴特罗之家(Casa Batlló)

决定因素包括现代社会标准、现代经济和市场、现代人的需求(生理和心理两个方面)、现代技术条件、现代生产条件等。因此,设计美学以研究当代人生活方式和精神需求为目的,以特定的社会物质和生活环境为背景,以不同的民族和不同的民俗文化群体的审美差异为研究对象,是对社会大环境和人的生理及精神需求小环境有机联系的认识和创造过程。设计美就蕴含在这种创造的过程中。

(三) 情感性

人的思想性在设计中会表现为情感性,是设计美学中的情感要素。具体而言就是设计师个性修养和综合素质在设计中的体现,可以很好地体现设计的品调美。品调是设计师品位和格调的综合表现,是设计师或消费者的气质、文化内涵、艺术修养等综合素质和审美水平的体现。品调美是表现设计师或消费者的气质、文化内涵、艺术修养的艺术哲学。设计师的综合素质是设计品位的象征。同样,消费者的认知水平也影响着设计市场的消费趋向。因此,设计师的素质、修养、品位是设计美的情感性和艺术性的有效保证(图 2-104)。

图 2-104 意大利设计师马西姆·约萨·吉尼(Massimo Losa Ghini)设计的"妈妈"(Mama)扶手椅,造型简洁但厚重柔软,使人感觉温暖、舒适,进而获得一种安全感,产品促使人产生的情感与人们内心深处的愿望紧密联系起来

(四) 科技性

对服装而言,科技的发展给我们带来了各种触感舒适的、新奇漂亮的、肌理结构特别的、绿色环保的服装材料,满足了人们不断追求新鲜感和舒适感的基本生理要求。艺术和美学的融入则可实现更高级的视觉需求和心理需求。设计审美由科技和人文的理性结合延伸至社会生活的文化价值,这种生活文化价值具备了现实化和地域化的当代审美范畴,可分为三个角度:一是生活审美化,二是审美生活化,三是审美艺术商业化和产业化。现代生活的趋势是个性化、人性化和生态化,无论哪种形式都离不开科学技术和艺术哲学的融合。科学技术给我们的生活和工作带来了高度的快捷、舒适和便利,艺术哲学给我们带来了人文气息和精神享受,二者的统一正

好符合新时代人们的物质和文化需求(图2-105)。

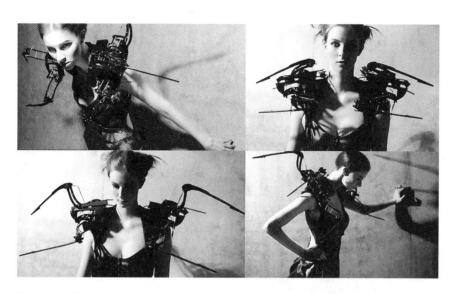

图2-105　荷兰设计师阿努克·维普雷彻特(Anouk Wipprecht)是服装设计领域的后起之秀,
她致力于探索时尚与科技的完美结合。这套蜘蛛服机械部分像一只真正的蜘蛛一样,在着装者
身体上抖动着,当不怀好意的人接近时,机械蜘蛛爪会伸展出来

二、设计美学规律

在现代社会中,各种设计现象和设计活动纷繁复杂、层出不穷,我们的世界和生活被各种各
样的设计物品所包围。可以说,设计物品的美与不美直接关系到人们生活质量的高低。尽管不
同种类的设计有着不同的表现形式,但对于设计的审美仍然是有规律可循的,这些规律是人们
经过长期的观察、整理与总结得出的。认识并掌握这些规律,对于提高审美判断与设计创造能
力都是很有益处的。

(一) 单纯整齐律

单纯即纯粹的、不夹杂明显的差异与对比的构成因素,整齐即统一、齐一,不变化或者有
秩序有节奏地变化。秩序感是审美的一个重要原则,如阅兵式上整齐划一的仪仗队,相同的
身高、相同的服饰、相同的动作,显示出整齐雄壮之美。再如建筑物,规则排列的窗户与玻璃
幕墙给人以整齐之美的感受。在日常生活中,人们也喜爱单纯整齐之美。如居室的色彩要统
一,书柜的书籍要排列有序等。在讲究整体感,强调秩序和规则的团体中,统一服装是一个很
好的办法,如中小学里的校服、军队里的军服、银行里的职员制服等,统一的服装会使身在其
中的人意识到自己身处一个团队中,集体感油然而生,也会使观者有向上、积极、力量等审美
感受(图2-106)。

图 2-106　阿联酋航空公司空乘人员制服

(二) 对称均衡律

对称均衡是指由于双方体量的均等而获得稳定,由此得到的平衡状态。在造型艺术中,平衡指造型的各基本因素之间形成既对立又统一的空间关系,整体中的不同部分或要素的组合能够给人以平稳、安定的感受。这一规律广泛应用于各领域,在设计中是安定的原则。对称均衡之美要求事物在差异与对立中显示出一致和均势,依靠视觉和心理进行感受,只有在设计中所涉及的各个个体之间在感觉上获得平衡才可能取得设计的统一效果。它是造型、色彩搭配、比例、面积及比例等的重要原则(图 2-107)。

图 2-107　列入"世界遗产名录"的埃斯特别墅(Villa D'Este),建于文艺复兴时期,位于意大利中部城市蒂沃利(Tivoli),是意大利园林设计师利戈里奥的杰作

(三) 韵律节奏律

节奏是指相同的运动、节拍、时间等,是表现运动的原则,是事物运动过程中一种合乎规律的有次序的变化。在造型艺术设计中,线条的流动、色块形体、光影明暗等因素的反复重叠可体现节奏韵律。利用线条的有规则变化和交替重叠可以激起并控制人的视觉运动方向、视觉感受的规律性变化,从而给人的心理带来节奏感受和情感变化。服装作为造型艺术,在空间中是占有一定体量的,当人们在欣赏一件服装时,视线会随着构成这套服装的点、线、面、形、色的过渡、排列方向进行时间性的移动,这就会产生旋律感。如服装的扣子、口袋、衣领的构成、裙子的褶裥,摆动的裙线等,都具有这种律动的效果(图 2-108)。

图 2-108   店内陈设按照服装的款式长短和色彩的变化规则地摆放,形成流畅的节奏感

(四) 比例匀称律

比例是指两个数值之间形成的对应关系,是事物的部分与整体、部分与部分之间的比较关系,既有质量比例,也有形体比例。尺寸与尺寸之间的关系处于统一美的状态,即为美的比例。美的造型必须具备一个完美的比例。符合比例要求,就会产生匀称的效果。中国现代画家徐悲鸿提出改良中国画的"新七法",其中重要的一条就是比例。古希腊的毕达哥拉斯学派提出著名的"黄金分割律",被许多学者和研究者认为是形成美的最佳比例关系。可见比例匀称是视觉艺术审美的一条重要法则。在服装中的比例是指身长与服装之间、分割线位置的确定、领子与服装整体之间、扣子与个体及整体之间等局部与局部以及局部与整体之间的比例关系,是创造造型美的重要手段(图 2-109)。

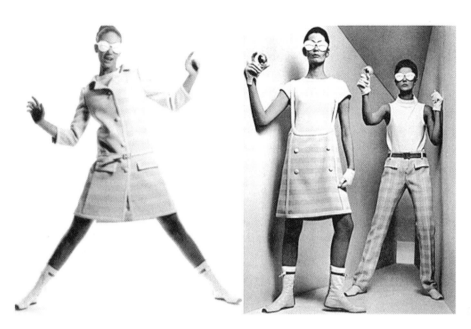

图 2-109　无论腰线位置如何变化,比例恰当是实现整体协调的重要原则(Andre Courreges)

(五) 调和对比律

　　调和与对比是指事物的两种不同对比关系,反映两种不同的矛盾状态。调和是异中求"同"(统一),对比是同中求"异"(对立)。调和是把两种或者多种相接近的东西并列在一起,如色彩中红与橙、橙与黄、黄与绿、绿与蓝、蓝与青、青与紫、紫与红,都是邻近色彩,放在一起既有变化又有统一,就能发挥调和的作用。杜甫的诗句"桃花一簇开无主,可爱深红爱浅红"表述的就是在同为桃花的红色中,深红与浅红的变化给人以欣喜的感觉,这种色彩深浅浓淡的层次变化,也能表现出调和的效果。对比是把两种极不相同甚至相反的东西并列在一起,突出它们之间的差别,使之对照鲜明、效果强烈。如色彩浓淡、光线明暗、体积大小、空间虚实、线条曲直、形态动静、线条疏密、节奏疾缓等。通过对比可以突出形象、强化效果。调和与对比的目的都是为了突出形象、增强视觉效果(图 2-110)。

图 2-110　厚重与轻薄,沉闷与轻盈,丝绒、毛皮、柔纱这些对比强烈的元素统一在"女皇"这一高贵、华丽的主题中(Alexander McQueen)

(六) 主从协和律

主从协和律是指构成审美对象的各个审美要素应该有主有从、主从相协。协和也即协调,指各要素之间达到连续、安定、一致的效果。协调与统一有近似之意,但在范围上有着一定的区别。协调更多指的是局部个体间的协调关系,整体与局部间的协调关系,安定与变化间的协调关系,是一种相对狭义的相互关系。协调是统一的准备阶段,各个体之间的协调是整体统一的先决条件。在进行各设计要素的排列组合时,要做到中心突出、层次分明,给人以鲜明深刻的印象,同时又要照顾到主从呼应、相互协调、使之成为一个主从协和的有机整体。在服装设计中,构成服装的各要素之间的协调不仅包括形状与形状的协调,还包括大与小,色彩间的搭配,材料的质感与质感、格调与格调间的协调;此外,色彩与形状、色彩与材质、人与服装等相互之间也必须和谐(图2-111)。

图2-111 以俄罗斯异域情怀作为主调,色彩、材质、装饰、妆容均与之相呼应(John Galliano)

(七) 多样统一律

多样统一即"寓变化于统一之中",是审美的最高法则,任何形式的审美最终都要符合这一原则。各种设计要素的排列组合无论怎样丰富多彩变化万端,都要显示出其内在的和谐统一。整体是由诸多个体综合而成的,在构成整体的个体未形成统一体之前,个体相互之间是没有任何联系的。在设计构思中,为了达到整体的完美,必须对各要素认真细致慎重地选择。在选择的过程中,这些个体相互制约;在形成整体后,它们成为不可分割的统一体。所以,要求这些个体之间的联系、过渡等给人一种秩序井然的统一美。统一是宇宙的根本规律,是对比、比例节奏、协调等形式法则的集中概括,是形式美的基本原则,包括了集中和支配两种重要形式。符合多样统一原则的就是富于美感的作品,它所给予人的是快意、满足、完整及安心舒适感。要求在艺术形式的多样性和变化中体现出内在的和谐感,反映了人们既不要单调呆板,也不要杂乱无章的复杂心理(图2-112)。

图2-112 拼接的上衣,变化的裙子,抢眼的首饰,印第安风格的手包,各种材质与色彩在此达到高度统一(Louis Vuitton)

第三章 服装设计内容

第一节 造型设计

造型设计这个词本身所针对的对象范围很广,是一个整体形象的设计过程,涉及的面很宽泛。无论哪一种造型设计都要求设计师除对本专业的专业知识熟悉外还要对相关的人文、艺术、心理学等方面也有所涉猎,这样才能及时把握国际最新流行动向,创造出新颖而富有时代气息的新造型。服装造型设计包括内部造型设计和外部造型设计,外部造型设计即服装的外部廓形设计,服装外部廓形与流行紧密相关。服装的内部造型设计即服装的局部与细节设计,包括领部、袖部、肩部、门襟、腰部、下摆等部件设计,还包括分割线、口袋等细节设计,也是流行的细节表现。

一、造型设计的定义

凡是利用形状本身或者形状与图案的结合,以及对色彩与形状、图案进行结合而创造出富有美感并能够应用的形体的新设计都可称为造型设计,如产品造型设计、器皿造型设计、发型造型设计、人物造型设计等。

服装造型是指服装在形状上的结构关系和空间上的存在方式,包括外部造型和内部造型。因此,服装的造型设计就是指对于服装的外部形状和内部结构进行的设计,分为外部造型设计和内部造型设计,也称整体造型设计和局部造型设计。

二、造型设计的分类

根据造型设计的内容和表达方式,造型方法可分为基本造型方法和专门造型方法。

(一)基本造型方法

基本造型方法是指从造型本身规律出发的、广泛适应视觉艺术各专业所需要的造型方法。由于基本造型方法研究的是造型的组合、派生、重整和架构等一般规律,并不单纯为服装设计服务,它具有更多的普遍性和通用性,因此是设计师务必了解和掌握的造型方法。通过这些造型方法,不仅可以为理解造型规律奠定基础,还可以举一反三地创新适合自己的其他造型手段。

基本造型手法中包括许多具体的造型手段,其共同特征是对原有造型进行改造,即以某个原有造型为基本造型进行不同角度的思考。其中虽有殊途同归的结果,但毕竟是视角转换的产物,对于开拓设计思维有重要意义和作用。

1. 象形法

象形法是把现实形态中的基本造型做符合设计对象的变化后得到新造型的方法。象形具有模仿的特点,但不是简单地将现实形态搬到设计中去,而是将某个现实形态最优特征的部位概括出来,进行必要的造型处理。在其他领域的造型设计中,象形法不排斥将现实形态几乎一成不变地用于某个设计的造型,例如,汉堡形 U 盘、足球形电话机等,但在服装的造型设计中,应尽量避免直接套用模仿对象的外形,巧妙地利用其原始外形进行变化,否则会落入过于直观、道具化、图解化的俗套(图 3-1、图 3-2)。

2. 并置法

并置法是将某一基本造型并列放置从而产生新造型的方法。并置法不相互重叠,因而基本造型的原有特征仍清晰地保持着。并置法具有集群效果,视觉效果虽不如单一造型时那么集中,但其规模效应却大大加强了表现力度。并置法的运用灵活多变,既可以平齐并置,也可以错位并置。并置以后,还可以根据设计对象的特点做必要的调整(图 3-3、图 3-4)。

图 3-1　象形法——龙虾刺绣裙(Maison Martin Margiela)

图3-2　象形法——服装表面的处理像爆开的马勃菌一样充满蓬乱之美,飘逸的鸵鸟毛让人产生了另一种联想:仿佛在潮汐中摇摆的银莲花(Alexander McQueen)

图3-3　并置法的应用(Alexander McQueen)

图3-4　并置法的应用(Max Mara)

3. 分离法

分离法是指将某一基本造型分割支离,组成新造型的方法。分离时,首先对基本造型做切割处理,然后拉开一定的距离形成分离状态。这种方法既可以保留分离的结果组成新造型,也可以去除某些不必要的部分,化整为零。就服装设计而言,分离后的造型之间必须有某种联系物,如薄纱、布料、线带、饰物等。例如,在服装的腰部或肩部进行切割分离,用透明塑料把切割后的部分连起来(图3-5、图3-6)。

图3-5　分离法的应用(Yves Sanit Laurent)　　　　图3-6　分离法的应用(Oscar de la Renta)

4. 叠加法

叠加法是指将基本造型做重叠处理后得到新造型的方法。与并置法不同的是,叠加以后的基本造型会改变单一造型的原有特征,其形态由叠加后的新造型而定。叠加法的造型效果有投影效果和透叠效果两种。投影效果仅取叠加以后的外轮廓线,清晰明了。投影效果在厚重面料的设计中效果较为明显,厚重面料叠加后只能看到面积最大的面料造型的轮廓。透叠效果保留了叠加所形成的内外轮廓,层次丰富。透叠法在轻盈薄透的面料设计中效果较为明显,由于面料本身的透明,使得叠加在一起的造型都能被看到,最外层的清晰明了,内层透过外层面料若隐若现,如同雾里看花,在虚虚实实、真真假假中体现一种朦胧美,这种丰富的层次感与灵动感正是叠加设计所追求的效果(图3-7、图3-8)。

图 3-7　叠加法之投影法（Marni）

图 3-8　叠加法的应用（Gromova Design）

5. 旋转法

　　旋转法是将某一造型做一定角度的旋转取得新造型的方法。旋转法一般是以基本造型的某一边缘为圆心进行一次或数次旋转，由于旋转角度的关系，旋转以后的某些部分会出现类似叠加的效果。旋转可分为定点旋转和移点旋转，定点旋转即以某一点为圆心进行多次旋转；移点旋转是在基本造型边缘取多个圆心进行一次旋转或多次旋转（图 3-9、图 3-10）。

图 3-9　旋转法之定点旋转（August Getty）

图 3-10　旋转法的应用（Anna Bublik）

6. 发射法

发射法是指把基本造型按照发射的特点排列后得到新造型的方法。发射是一种常见的自然结构。点燃的焰火、太阳的光芒、水中的涟漪等都呈发射状。发射具有很强的方向性,发射中心成为视觉焦点,可分为由内向外或由外向内的中心点发射、以旋绕方式排列逐渐旋开的螺旋式发射和层层环绕一个焦点的同心式发射三种。在服装设计中,往往把部分发射造型用于服装造型或局部装饰(图 3-11、图 3-12、图 3-13)。

  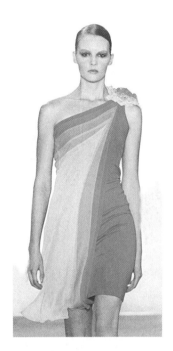

图 3-11　以头部作为发射中心进行中心点发射,人的面部成为视觉中心(Jean Paul Gaultier)　　图 3-12　围绕人体进行螺旋式发射(Dominique Sirop)　　图 3-13　随着衣片结构同心式发射的推进,色彩也由深至浅发生渐变(Temperley London)

7. 镂空法

镂空法是指在基本造型上做镂空处理的造型方法。镂空法不改变基本造型的外轮廓,一般只对物体的内轮廓产生作用,是一种产生虚拟平面或虚拟立体的造型方法。镂空法可以打破整体造型的沉闷感,具有通灵剔透的感觉。镂空法分绝对镂空和相对镂空,绝对镂空是指把镂空部位挖空,不再做其他处理,也叫单纯镂空;相对镂空是指把镂空部位挖空后再镶入其他东西,相对镂空的效果不若绝对镂空那么直白,追求的是遮遮掩掩、欲语还休的审美效果(图 3-14、图 3-15)。

8. 悬挂法

悬挂法是指在一个基本造型的表面附着其他造型后得到新造型的方法。其特征是被悬挂物游离于或基本游离于基本造型之上,仅用必不可少的牵引材料相联系。虽然在平面上也可以悬挂其他平面,但是这种效果我们习惯上把它看作叠加法里的内容。悬挂法一般特指立体感很

强的造型，在基本服装造型之上再悬挂一些造型独特的物件，服装的整体造型就有了根本变化
（图3-16、图3-17）。

图3-14　镂空法之绝对镂空的应用
（Isable Marant）

图3-15　镂空法之混合运用
（Viktor & Rolf）

图3-16　悬挂法的应用（Afroditi Hera）

图3-17　悬挂法的应用（Stella McCartney）

9. 肌理法

肌理是指物体材料的表面特征及质地,通常用粘贴、卷曲、揉搓、压印等方法,制造出材料表面具有一定空间凹凸起伏的效果,运用这种手段进行造型的方法称为肌理法。服装设计中的肌理效果是由缉缝、抽褶、雕绣、镂空、植加其他材料装饰等对面料进行再创造来表现的,面料本身的肌理除外。服装肌理表现形式多种多样,表现风格各有特色。运用好肌理效果,可增加服装的审美情趣。很多服装设计大师的设计作品就是以面料的肌理效果作为设计特色的(图3-18、图 3-19、图 3-20)。

图 3-18　肌理法的应用（Blumarine）　　　图 3-19　肌理法的应用　　　　　图 3-20　肌理法的应用（Chanel）

10. 变向法

变向法是指改变某一造型放置的位置或方向从而产生新造型的方法。比如领子本来是从脖子套进去的,但把它改为从臂膀处套进去就是变向法的运用。变向法应用在具体设计中,并不是简单地将方向或位置改变一下而已,而是将改变方向后的相应部位作合适的处理,使其仍保留服装的基本特征。如上述将领子变向到袖窿处,并不意味着头上要套一只袖子或者将底摆转移到侧缝。作为一种造型方法,使用变向法的目的是创造新的造型,仅做表面的变向是没什么实际意义的(图3-21、图3-22)。

(二) 专门造型方法

相对基本造型方法来说,专门造型方法指专门根据服装的特点而创造造型的方法。绝大部分服装是由柔软的纺织类或非纺织类材料制成的,服装的适体性、柔软性、悬垂性等造型特点是许多其他设计门类所没有的。因此,在基本造型方法的基础上掌握服装的专门造型方法很有必要。这里所说的专门造型方法就是专门针对服装材料的柔软性来探讨的,也可以说是软造型的

图3-21　变向法的应用——衣领转成了肩部,袖口转成　　图3-22　变向法的应用(3.1 Phillip Lim)
了袋口(Dsquared²)

造型方法。在此介绍几种主要的专门造型方法。

1. 系扎法

系扎法是指在面料的特定部位用系扎方式改变原造型的造型方法。系扎材料一般为线状材料,如丝绒、缎带、花边等。这种方法很适合用来改变服装的平面感,系扎点也比较随意多变。可以选择的系扎效果有两种,一是正面系扎效果,其特点是系扎点突出,立体感强,适用于前卫服装;二是反面系扎效果,其特点是系扎点隐蔽,含蓄优美,在实用服装中使用较多。具体的系扎方式有两种。一种是点状系扎,即将局部面料拎起一点再作系扎,增加服装的局部变化,另一种是周身系扎,即对服装整体进行系扎,改变服装的整体造型。进行服装设计时,为了结构的准确,服装设计师通常会先在面料上系扎出一定的效果再正式裁剪(图3-23、图3-24)。

2. 剪切法

剪切法是指对服装作剪切处理的造型方法。剪切即按照设计意图将服装剪出口子。需注意的是剪切并非剪断,否则便成了分离。剪切既可以在服装的下摆、袖口处进行,也可以在衣身、裙体等整体部位下刀。长距离纵向剪切,服装会更飘逸修长;在中心部位短距离剪切,则产生通气透亮之感;若长距离横向剪切,则易产生垂荡下坠之感。剪切仅是一种造型方法,如果直接对服装进行剪切,务必注意有纺材料与无纺材料的区别以避免纺织材料的脱散(图3-25、图3-26)。

图 3-23　系扎法的应用（BCBG Max Azria）

图 3-24　系扎法的应用（Donna Karan）

图 3-25　剪切法的应用（Sonia Rykiel）

图 3-26　剪切法的应用（Luca Luca）

3. 撑垫法

撑垫法是指在服装的内部用硬质材料做支撑或铺垫进行造型的方法。一些强调大体积的服装或强调硬造型的部位往往借助撑垫法来实现。例如传统的婚礼服或男西装的翘肩造型等都需要在内部进行撑垫才能实现外观效果。一件普通造型的服装经过撑垫后可以完全改变面貌,但如果处理不当,则会使服装呆板生硬或者繁琐笨重。因此撑垫材料应尽可能选择质料轻、弹性好的材料。相对来说,撑垫法更适合前卫服装的设计,尤其适合超大体积的道具性服装(图3-27、图3-28)。

图3-27　撑垫法的应用(Viktor & Rolf)　　　　图3-28　撑垫法的应用(Balance by Rohit Bal)

4. 折叠法

折叠法是将面料进行折叠处理的方法,面料经过折叠以后可以产生折痕,也称褶。通常的褶有活褶和死褶之分,活褶的立体感强,死褶则稳定性好。褶也有明褶和暗褶之分,明褶表现为各式褶裥,暗褶则多表现为向内的省道。

折叠量的大小决定折叠的效果,褶痕可分为规则褶痕和自由褶痕。褶痕与衣纹不同,褶痕是因人为因素而产生的,而衣纹则是由于穿着而自然产生的。折叠法也是改变服装平面感的常用手法之一(图3-29、图3-30)。

5. 归拔法

归拔法是指用熨烫原理改变服装原有造型的造型方法。归拔是利用纤维材料受热后产生收缩或伸张的特性,使平面材料具有曲面效果。归拔法借助于工艺手段使得服装造型更贴近人的体形,效果柔顺而精致,含蓄而优雅,是高档服装必不可少的造型方法之一。归拔法多用于贴身型实用服装（图3-31、图3-32）。

图3-29　折叠法的应用（Devota & Lomba）

图3-30　折叠法的应用（Francesco Scognamiglio）

图3-31　归拔法的应用（Mila Schon）

图3-32　归拔法的应用（Atena Re）

6. 抽纱法

抽纱法是将织物的经纱或纬纱抽出而改变造型的造型方法。这种方法有两种表现形式,一是在织物中央抽去经纱或纬纱,必要时再用手针锁边口,类似我国民间传统的雕绣。纱线抽去后织物外观呈半透明状。二是在织物边缘抽去经纱或纬纱,出现毛边的感觉,毛边还可以编成细辫状或麦穗状以达到改变原来造型的目的。前者的造型作用不明显,更适合作为局部装饰,后者可改变原有外轮廓,虚实相间。类似的手工和针绣对造型设计也有异曲同工之妙(图3-33、图3-34)。

图 3-33　抽纱法的应用(Alexander McQueen)   图 3-34　抽纱法之内部抽纱(Versace)

7. 包缠法

包缠法是指用面料进行包裹缠绕处理的造型方法。包缠既可以在原有服装表面进行,也可以在人体表面展开。无论哪种包缠方式,都要将包缠的最终结果做某种形式的固定,否则包缠结果会飘忽松散。我国少数民族如彝族、普米族和壮族等的头饰即是使用包缠法而得。包缠效果既可以光滑平整,也可以褶皱起伏。通常做周遭包缠,过于细小的局部一般无法做包缠处理(图 3-35、图 3-36)。

8. 立裁法

立裁法就是采用立体裁剪的方法用坯布在人台上直接进行造型设计的方法。立体裁剪法是很常用的专门造型方法之一,尤其适合解决平面裁剪难以解决的问题。在立体裁剪过程中,服装设计师会水到渠成地出现一些设计妙想,产生意想不到的艺术效果。许多世界著名服装设计大师都喜欢用这种边裁剪边设计的方法处理服装结构问题(图3-37、图3-38)。

图3-35 包缠法的应用(Haider Ackermann)　　　图3-36 包缠法的应用(Maison Martin Margiela)

图3-37 立裁法的应用(Rue du Mail by Martine Sitbon)　　图3-38 立裁法的应用(Ann Demeulemeester)

三、造型设计的原则

以上基本造型方法是为了叙述的方便而逐一单列的,原理也比较单纯化和概念化,在实际应用中可以灵活机动地随意展开其外延和内涵,也可以结合多种造型方法于一个设计中。在实际的服装设计中到底使用哪种或者哪几种方法,虽然是由服装设计师自主决定的,但也有一些基本原则需要遵守。这些原则一方面来自于造型艺术的审美要求,如设计要符合形式美法则,另一方面来自于服装的实用性要求,如要符合人体的基本形态,能够适应人体的运动机能等。

(一) 符合形式美法则

服装艺术是一种针对人体进行的造型艺术。对于大自然中存在的各种造型以及由人类创造出来的各种物品和物体的造型、样式,有的造型人们认为是美的,而有的样式人们则认为是丑的。虽然不同的历史时期、不同的民族对于美丑的认定有差异,但在普遍意义上,对于美与丑的评价是可以达成共识的。什么是美? 这个问题的答案是自古以来人们一直孜孜以求的。通过对美的事物进行研究、分析和探索,人们找到了一些规律,即美的事物所具有的一些共性。符合这些规律的形式和样式,人们会认为是美的。人们把这些规律进行整理归纳,概括为美的形式法则,亦称形式美法则。这是一些放之四海而皆准的造型规律。然而,在进行设计时,我们无需刻板地套用这些规律,它们应该成为服装设计师自身所具有的对美的感知能力,在设计中顺理成章地体现出来,设计作品的审美效果与其中所蕴含的形式美是自然而然符合规律的。同时,我们也要知道,这样的设计把握能力不是一蹴而就的,需要循序渐进的学习过程。

(二) 符合人体运动机能

无论什么服装都必须能够穿到人体上。而人所具有的特殊形态是服装设计的基本出发点,服装必须能够覆盖人体的局部或者整体。服装的各个结构部位的尺寸不是无限制的,而是要以人体为依据。从性别上考虑,男性与女性的体形差异使男装与女装在服装造型上存在着很大的差别。从地域上考虑,东西方人种在体型上存在巨大差异。这些因素使得东方服装与西方服装在造型设计上侧重点不同。

多数服装尤其是实用服装为了保证穿着的舒适度与适体性采用的都是服用面料,因此这些服装的造型都是可以弯曲变形的软造型。这也是适应人的运动机能性的需要。在此基础上,服装设计师可以创造出千变万化的造型,但不能出现不合理的设计,即无法实现的造型或者实现了也无法穿上人体的服装造型。

四、造型设计的应用

无论是基本造型方法还是专门造型方法,在实际设计应用中并无限制,如在一件服装上并非只能使用一种造型方法。基本造型方法与专门造型方法应该是融汇贯通,相互穿插,相互补充的。服装设计师应根据设计效果的要求各取所需,综合利用。在设计中使用何种方法并不重要,重要的是使用一定方法后能够达到预期设计效果。

在服装造型设计方法的应用上,要根据着装对象、选用材质、设计目标等情况综合考虑。在达到艺术审美效果的同时也符合着装对象的具体情况。例如,镂空法的设计应用可以使服装表现出灵秀、生动的效果。在实际应用时,要根据着装对象仔细斟酌。如果是童装设计,可考虑将镂空的部位放在胸、背等部位,要避免放在腰腹部位。因为从体形上看,儿童的腹部是凸起膨胀的,这个部位的镂空只会将孩子那个鼓鼓的小肚皮暴露出来。并且由于隆起,这个部位的服装与人体之间没有宽松的空间,镂空所要达到的空灵效果也无法实现。如果是针对年轻女性的设计,则可考虑把镂空部位放在腰腹部位,以表现女性婀娜多姿的腰部线条,显得既性感又含蓄。同理,要避免镂空部位出现在隆起的胸部,否则既无空灵效果,又会使女性内衣显露出来,导致不雅的视觉效果。如果是针对老年女性的设计,则胸部与腰腹部位的镂空都不合适,此时的镂空设计可以考虑放在背部、肩部、袖部等部位,既不会暴露由于年龄增长导致的体形走样的问题,又显得庄重大方,与着装者的年龄相适合。

服装设计师还要考虑服装面料的材料特性对各种造型方法的适用程度,选择适合的造型方法。如挺括平整的面料不适合采用包缠法,而柔软飘逸的面料不适合采用撑垫法,厚重密实的面料不适用系扎法,而轻薄松散的面料不适用归拔法等。

因此,在进行造型设计的应用时,服装设计师要综合考虑多方面因素,将服装材料、造型方法、设计目的进行最佳配置以求达到完美的设计效果。

第二节　色 彩 设 计

服装的色彩设计首先要确定服装的整体色调,这对于构成服装的整体美非常重要。在完成色彩基调设计的基础上还要进行色彩搭配的设计,考虑在主色调下是否需要加入以及如何加入其他色彩,以丰富、强化或反衬主色调的色彩效果。环境对色彩有制约作用,因此在进行色彩设计时,也要充分考虑服装所穿用的场合和时间。

一、色彩设计的定义

服装的整体包含了诸多要素的配合,如上下衣、内外衣;衣服与鞋、帽、包等配饰;面料与款式;衣服与人;衣服与环境等。这些要素之间除了形、材的配套协调外,色彩的和谐如主与次、多与少、大与小、轻与重、冷与暖、浓与淡、鲜与灰等关系也尤其重要。

色彩在服装上的表现效果不是绝对的,适当的色彩配置会改变原有色彩的特征及服装性格从而产生出新的视觉效果。怎样才能达到和谐的色彩效果?怎样做到色彩搭配得当?怎样通过服饰色彩表达穿衣人的个性?怎样迎接多变的色彩潮流?这些是服装设计师在进行造型与款式设计之前应该考虑的事情,对这些与色彩相关的内容的考虑和计划过程就是服装的色彩设计。

二、色彩设计的分类

在服装色彩设计中,使用单一色彩相对简单些,使用多种色彩相对复杂些,需要考虑不同的配伍。各种颜色有着不同的感觉和性格,如何使色彩恰当地表现出服装设计师所需要的效果,是服装色彩设计所要解决的问题。根据在服装中所占地位的不同,我们把色彩分为基调色和与主调色。基调色是指配色中的基础颜色,是用以表现效果的色彩,在服装中指面料的底色。基调色决定了整块面料的色彩感觉。如果在服装中所使用的色彩在色相和色调上有共通性和统一感,并且这种色相和色调可以左右服装予人的色彩印象,这种色彩就叫主调色。并非所有的面料色彩都存在主调色,若面料色彩丰富并且配置分散,则感觉不出主色调。

(一) 以色相为主的配色设计

从色彩的心理感受来说,色相的影响很大。色相有冷色系与暖色系之分,分别给人以寒冷或是温暖的感觉。如果想要温暖的感觉,可以利用橘色、茶色、深咖啡色等单一色调为主色调,并在色调上加以变化就可表现温暖的感觉。如果想要清爽的效果,可以使用类似蓝色的冷色系为基调色,逐步加上一点点中性色或暖色用以中和蓝色的冷静感和寒冷感。

以色相为主进行色彩设计要选出符合想表现的感觉的色相,采用色调中的色调配色法进行设计,即可清楚地表现出该色相的感觉。色调配色法是使用两种色调的配色法,着眼点放在表现高贵、稳重的感觉,所以色相的选择限定于相邻色系或是同色系,例如灰褐色与褐色,深蓝色与浅蓝色或红色与粉红色。

(二) 以色调为主的配色设计

色彩与人的年龄层的匹配与适应是服装设计中需要认真考虑的因素。有的色彩适合儿童,有的色彩适合老年人。这里并非指单一的某种颜色只能给某种年龄层的人用,而是因为色调的配合会给人以或年轻活泼或幼稚可爱或苍老暮气的感觉。有时色调表现出来的感觉除了岁月感和时代性之外还有其他特性。因此以色调为主进行服装色彩设计要注意设计对象的年龄、性格等特点,以选择合适的色调。如果想要以同一色调或类似色调进行调和时,还可以有色相的改变,在统一中求得适度的变化以避免太过单调。如以灰色调、单色调或暗色调进行调和时,色相的差异不会让人感到太大的不同,所以这些颜色比较容易表现出统一感。在以色调为主进行色彩搭配设计时应该选用大面积的基调色,其他的色彩作为点缀色,这样可以避免凌乱的感觉。

三、色彩设计的原则

服装色彩设计的关键是和谐。服装色彩设计牵涉的范围非常广泛,它以色彩学原理为理论基础,涉及色彩的物理学、生理学、心理学等多方面。色谱以外的色彩学习可以丰富服装设计师的色彩感觉,深入研究美学中的创造性美学,以及收集大量的色彩素材作为创作源泉对服装的色彩设计大有裨益。

服装作为社会的一面镜子,在进行色彩设计时要考虑到社会制度、民族传统、文化艺术、经济发展等诸因素的影响。由于纺织面料是服装色彩的载体,在设计时还要注重面料质感与色彩的协调关系。服装色彩的整体设计还牵涉到服装的造型、款式、配饰,以及与人有关的性别、年龄、性格、肤色、体型、职业、环境(季节、场合)等多方面因素。

(一) 尊重色彩设计的独特性

自然事物中发展到最高阶段的美是人体的美,它完整性最强、个体性最为显著。而人又是一个社会的主体,所以个人的美不仅是自然美同时也是社会美和精神美。服装所包含的全部意义就在于此。作为服装设计几大要素之一的色彩,其独特性首先就是以人为直接客体进行设计。

作为个体的人不仅有着人种的普遍性,还有着人的个别性。这种普遍性和个别性一方面表现在人的自然属性上,如性别、年龄、体型、人种等,另一方面则体现在人的社会属性上,如职业、信仰、教育等。这些构成了服装色彩的规律性和多样性。

色彩这一无声的语言常成为着装者欲求的直接反映,它比款式的线条、结构表现得更为明晰,也更生动,在人类社会中一直充当着重要角色。喜好穿明艳色彩的人与喜好穿黑白灰色彩的人无疑在性格、生活环境、职业、爱好等方面有着巨大的不同,这种对色彩的不同偏好是由多方面因素造成的,如教育背景、环境影响等。服装设计师在进行色彩设计时必须尊重这一特性。

(二) 考虑服装色彩的实用性

人类天天要吃饭,天天要穿衣,服装有别于其他造型艺术的特性还在于它的实用性(除少数以纯美为追求目标的表演服装外)。上班穿职业服,跑步穿运动服,正式场合穿礼服,休息时穿睡衣,海滩游玩时穿泳衣……服装无时不在伴随着人们,保护着人们,美化着人们。可以说,生活离不开服装,服装的色彩随时都在进行着表达和诉说。

服装设计中常说的"T、P、W、O"原则,就是实用性的具体体现。T是英文 time 的缩写,意思是穿着的时间、季节;P是英文 place 的缩写,表示穿着的地点、场合;W是英文 who 的缩写,即穿着的对象、人物;O是英文 object 的缩写,表示穿着的目的。这些规定和要求在进行服装色彩设计时必须要考虑。

(三) 重视服装面料的特定性

我们可以把服装设计理解为以机能为前提的一种美的追求。在观看或选择服装时,首先影响我们的往往是色彩。然而,服装中色彩的设计是不能凭空而论的,它需要与面料同时考虑。对服装式样的考虑既包含材质的构成,也包括色彩的构成。因为面料是服装色彩的"载体",服装色彩只有通过具体的面料才能得以体现。面料的美(包括表面肌理、材质性能等)对服装色彩的美起着决定性的作用。服装色彩与面料质感紧密相连,同一种颜色在不同的面料上所表达的情感是完全不同的。例如,黑色在平纹布上有朴实、廉价感,在丝绒绸缎上有雅致、高贵感,在皮革上有冷峻、力度感。进行服装设计时如果只是公式化地搬用色彩性格,无视面料质感所给予色彩的不同程度的变化,那么服装色彩效果就很难达到预期目的。尽管这种变化有时很微妙,但正是这种微妙给服装色彩的组合带来了无限的含义,使服装色彩在这种微妙变化中发挥其独有的特性。

(四) 遵循服装色彩的流动性

服装与服装色彩的载体是人,人是一种充满生命活力的生物,他们从早到晚不停地运动着,摆动着躯体,变换着场所,服装色彩设计中讲究的"地点""场所"就是这一特性的充分体现。在不同的背景色和光线下,色彩给人的感觉会发生变化,不同的场合具有不同的色调,这将成为着装者的背景色。因此,在进行服装色彩设计时,必须考虑服装将要出现在怎样的色彩环境中,才能确保实现设计初衷。

(五) 把握服装色彩的流行性

"服装"是流行与时尚的代名词。在诸多产品的设计中,服装的变化周期是最短的,它关注流行、体现流行的程度也是最高的。在流行色的宣传活动中,通过服装展示来表达流行是很重要的内容之一。色彩与服装两者在表达流行的含义与概念上是不可分割、相互依存的。流行色要以服装为载体向大众展示,为大众接受,让大众穿着。服装要以流行色为内涵,表达设计的时尚感、潮流感。脱离了服装,流行色将失去极大的表现空间;没有流行色,服装将归于平淡,缺乏时代感。

(六) 符合服装色彩的季节性

一年四季,冷热交替,人们需要冬暖夏凉的着装感受。服装就其实用性而言,主要特征就是伴随着季节的更替而不断出现不断变化,这是其他产品设计无可比拟的。由于外界温度的变化,处在不同季节中的人们对色彩的需求会发生变化,比如在炎热的夏季,人们希望看见和穿着有凉爽感色彩的服装,而在寒冷的冬季,人们相对夏季会更喜爱给人以温暖感的色彩。人们对色彩的这种心理喜好的变化,是服装设计师们必须考虑的。

四、色彩设计的应用

服装可谓是社会的一面镜子,不同的民族、时代、政体和经济所反映的衣着面貌各不相同。作为服装中最具表象特征的色彩,往往也渗透和注入了不同民族的文化背景、时代的变革烙印、人类自我表现所体现的审美趣味、思想意识的象征、机能性的色彩处理、宗教信仰的差异等。色彩在服装上的应用包含了许多文化内涵,在进行服装色彩设计应用时,要特别注重色彩的这些文化内涵,这对人与服装的审美标准和审美价值,起着不容忽视的潜在作用。服装设计师在进行色彩设计应用时应注意:

(1) 了解色彩的基本规律,掌握色彩三要素之间的关系,明确色彩的各种色调。

(2) 在注意色彩形式美的前提下,力求色彩信息的传达,使色彩语言更有针对性,从而达到设计的目的。

(3) 熟悉服装面料,使色彩的情感与面料质感的表情相得益彰。

(4) 吸取传统艺术、民间艺术等姊妹艺术的营养,借鉴自然色彩、异域色彩等实现色彩情调的丰富表现。

(5) 了解流行色,关注流行色、运用流行色,以把握时代的脉搏。

在应用色彩设计时,需要把握如下方面:

(一) 不忘服装色彩的民族性

服装色彩所具有的民族性,与这个民族繁衍生息的自然环境、生存方式、传统习俗以及特有的民族个性等方面有关。色彩可谓是一个民族精神的标记,东西方民族不同的气质心理,直接影响着人们的审美观念和色彩体验。如热情奔放的法兰西和西班牙民族善用明朗色彩,北欧阴冷严酷的自然条件与持续甚久的宗教哲理精神致使日耳曼民族偏爱冷峻苦涩的色彩。从新石器时期的红黑两色彩绘的彩陶(红为褚红、土红,黑为灰黑、暗黑),到"黑里朱表、朱里黑表"的战国漆器,以及流传至今的女红男黑结婚礼服,以红和黑为代表的民族色彩,包含了古老的中华民族几千年传统审美的积淀,表明中华大地既热情又含蓄的民族特性。

我国地大物博、人口众多,有着五十五个少数民族。概括而言,北方民族因寒季较长,服装色彩多偏深;南方民族暖季较长,服装色彩多偏淡。各民族的生活条件,尤其是自然或风土的条件使得各自都持有其独特的色彩爱好,从而形成了各民族独特的色彩感觉。

随着时代的进步、科学的发展,各民族间的文化交流日趋频繁。通过相互学习,相互借鉴,民族间的交流多了起来。即便如此,民族文化和民族精神是一个民族存在的根本。许多成功的服装设计师就是立足于民族风格,在继承本民族服饰精华的同时,吸取其他国家、民族的营养,使自己在国际时装舞台上占有一席之地。

需要注意的是,对于服装色彩的民族性,并不是单指传统的民族服装,也不是照搬古代的或现有的元素,民族性要与时代特征相结合。只有将民族风格打上强烈的时代印记,民族性才能体现出真正的内涵。

(二) 注重服装色彩的时代性

服装色彩的时代性是指在一定历史条件下,服装色彩所表现的总体风格、面貌和趋向。每个时代都会有过去风格的遗迹,也会有未来风格的萌芽,但总有一种风格为该时代的主流。

服装色彩是历史发展的见证。殷代崇尚白色,夏代崇尚黑色,周朝崇尚赤色,秦代崇尚黑色。盛唐时期由于开拓了"丝绸之路",织品色彩极为丰富,有银红、朱砂、水红、猩红、络红、绎紫、鹅黄、杏黄、金黄、土黄、茶褐、宝蓝、葱绿等。这与当时开放的体制、繁荣的经济、广泛吸收外来文化的精华密切相关。丰富、饱满的色彩显示了生活的富足和安定。

服装色彩的时代感也标志着同时期的科技与工业发展水平。20世纪70年代,阿波罗登月计划的成功在国际上掀起了"银色的太空色"热潮,时髦的西方妇女不仅银色裹身,而且还涂上银色指甲油,当时的社会银色遍布。

服装色彩的时代性制约着人们的审美观念和意识,而社会文艺思潮、道德观念等诸因素又影响着人们的审美意识。如德国的魏玛鲍豪斯大学,在这所学校里学生接受的是艺术家和手艺精湛的工匠的双重训练,目的在于将精工细做的实践经验和创造性的想象力结合起来,发展一种新的功能设计的意识,从而掀起了以设计为中心的功能主义运动。在服装界,香奈儿(Chanel)首当其冲追求新的服装材料,如采用具有收缩性的柔软的针织物,追求具有活动功能的线条表现,如设计无领对襟直身上衣,追求简洁、淡雅、朴素的色彩效果。香奈儿的造型和色彩成了这一时期的代表性风格。

从以上这些例子可以明显看出,服装色彩常常成为时代的象征。作为时间和空间艺术的服装,它的美是运动的、发展的、前进的,它需要创造,需要推陈出新,这正是时代特征所具有的面貌。流行色就是时代的产物。

(三) 运用服装色彩的象征性

服装色彩的象征性是指色彩的使用,它牵涉到与服装关联的民族、时代、人物、性格、地位等因素,所以,服装色彩的象征性包含极其复杂的意义。

早在黄帝轩辕时代,我国就有关于服装色彩的制度,使用不同的色彩显示身份的尊卑、地位的高低。黄色在古代中国被称为正色,既代表中央,又代表大地,被当作最高地位、最高权力的象征。李渊建唐后规定只有皇帝可以穿黄色的衣服。纵观我国古代社会的服饰色彩,凡具有扩张感、华丽感的高纯度或暖色系的色彩都被统治阶级所用,作为权力和荣耀的象征,而平民百姓只能用有收缩感的寂静的低纯度色和青绿色。

服装色彩也是一个民族的象征。我国西南地区的苗族和瑶族,就是通过女子或男子的服装颜色来表征本族所处的不同支系,如苗族有青苗、白苗、翠苗、红苗、花苗等,瑶族有红瑶、花瑶、白裤瑶等。

服装色彩有时也能象征一个国家和这个国家所处的时代。如18世纪法国贵妇人的服装明显地暴露了洛可可时代的那种优美但繁琐的贵族趣味,色彩饱合度低、明度高,如鹅黄、豆绿、粉红、浅紫等,与花边、丝带、人造花装饰的层层裙摆相配和,以强调浪漫的气氛。

　　另外,服装色彩还是着装者性格的最好写照。如《红楼梦》中的众多人物,从皇妃亲王、公子小姐到丫鬟仆人,人各有性,体各有态,衣各有色。林黛玉具有多愁善感、悲凉凄切的性格和气质,其衣着清雅素淡,常以白、月白、绿的基色来象征她纯洁、冷寂、哀愁的身世和命运。柔和、甜美的粉红色则象征着薛宝钗八面玲珑、审慎处世的性格。攒珠嵌金、五色斑斓、彩绣辉煌则是对王熙凤性格的表现。

　　一些特殊职业的职业装色彩往往也带有很强的象征性,如象征和平使者的邮电部门制服所采用的绿色类似于橄榄枝叶的色彩,寓意希望与和平。

　　服装色彩所体现的象征性绝非是一个简单的内容,大到民族、国家,小到人物性格、地位和服装用途,只有从多方面去理解、去探寻,才能真正把握服装色彩象征的内涵。

(四) 强调服装色彩的装饰性

　　装饰是造型艺术最一般的特征,也是最常用的创作手法。服装色彩所体现的装饰性有两层含义:一是指服装表面的装饰,二是指有目的地装饰于人。

　　第一层含义的装饰多以图案形式来表现(包括简单的色条、色块等),加上附属的辅料、配饰,其装饰特征非常强烈。服装本身成了装饰的对象。由于这类服装的色彩效果本身具备了较完整的装饰性,无论是有花纹的面料,还是采用印、扎、绘、绣、镶、补等工艺手段构成的图案装饰,都使服装富有艺术气息,所以一件衣服即使无人穿着,其外在的色彩、纹样和工艺同样具有欣赏价值,比如日本的和服。从古到今和服的基本形态几乎没有什么变化,江户时代的女性和现代女性穿着同样形态的和服,变化的只是表面装饰,是花纹和色调明显地划分了时代特征(图3-39、图3-40)。

图3-39　日本江户时期和服　　　　图3-40　日本现代和服

中国古代宫廷服装以及近现代华丽的旗袍、晚礼服等服饰色彩都具有浓厚的装饰性。从织锦缎、印花丝绸，到技艺高超的刺绣、珠绣、盘金绣等手工艺品，散发着独具风韵和装饰感的中国文化韵味。

服装色彩装饰性的第二层含义主要是围绕着人，着重于服色与着装者的体态、着装者的精神、着装环境的协调等，人成了装饰的对象。服装色彩的设计和选择应根据着装者不同的性格、不同的职业、不同的地位、不同的场合而有所区别。例如参加私人聚会、友人婚宴等，可选择色泽艳丽、样式独特或表面带有一些装饰的服装来装扮自己；如果是参加办公会议或谈判，则一身合体、端庄、雅致的套服显得更为合适。

(五) 考虑服装色彩的机能性

服装上以实用目的为主的色彩处理方法称为实用机能配色。职业服的色彩设计就属这类。职业服又称工作服，它除了具有劳动保护的功能外，还有着职业标识的作用，其中色彩占有非常重要的位置。

不同款式、色彩的职业服，不但可以培养人的职业荣誉感、振奋精神，而且也有利于工作。例如，当我们在大街上看见穿着制服的警察时，心里自然产生一种威武、庄严的感觉。从另一个角度理解，警察一旦穿上了制服，一种自尊、自豪和责任感会油然升起，从而更加投入到工作状态中，同时也便于他们行使职责。医护人员的服装一般都是白色或柔和的浅色，干净、卫生，易发现身上的脏污，给人一种可靠而值得信任的感觉。手术医师和助理们的大褂、口罩、帽子多为果绿色或浅蓝色，在紧张的气氛下能起到调节作用。工地上建筑工人的安全帽，公路上养路工的背心，海员的海上作业服等多采用明亮的橙色或黄色以增加注目性。

从我国陆、海、空三军的军服颜色看，除了美观庄重外，更重要的是在军事上有着特殊的功能。比如陆军的服装多为接近于草地和土地的绿色和保护色，以及多色迷彩伪装服，可使军服色彩更接近于大自然的环境，在作战中更容易迷惑敌人，从而起到有效地隐蔽自己、保存自己的作用（图3-41）。空军的蓝色、海军的白色，用色目的都在于此。

图3-41　通用型迷彩图案制服的最大特点是服装面料图案结合了特殊的"数码调色技术"，具有在自然光下变色的效果，可同时在沙漠、森林和城市三种环境下使用

服装色彩所表现出的机能性越来越受到人们的注意，行业制服的应用已不仅仅局限于大饭店、大商场，许多中小型餐厅、酒吧等也开始给工作人员配穿引人注意、设计独特的制服来烘托气氛、点缀环境。当服装的款式以某种机能作为成立条件时，色彩也应采用与之相适应的手段，

使这些机能性更富有魅力地表现在服装上（图3-42、图3-43、图3-44）。

图 3-42　酒店员工制服　　　　图 3-43　日式餐厅员工制服　　　　图 3-44　生化防护制服

(六) 关注服装色彩的宗教性

宗教是一种社会意识形态,宗教不同也体现在衣服的款式、颜色上的区别,就是信奉同一宗教的不同国家、不同地区以至不同时期的服装也会有所不同。蒙藏僧人着黄色大衣,平时穿近赤色中衣。明代皇帝曾规定修禅僧人常服为茶褐色,讲经僧人为蓝色,律宗僧人为黑色。清代以后官方则不再统一要求。

各具特色的宗教艺术对现实生活中的着装影响很大,如新娘穿白礼服举行婚礼,便是基督教的产物,基督教规定只有初婚者才能穿白色礼服以象征纯洁,再婚者则要穿有颜色的礼服。不同宗教对于服装的色彩纹样也有不同的限制和规定,我国唐代的宝相花、莲花、卷草纹等纹样,以及日本的一些染织物都明显受到佛教艺术的影响。[①]

第三节　面 料 设 计

服装面料是服装设计师奇思妙想的物质载体,只有通过具体的面料,服装设计师才能够把自己的构想真实地表现出来。一方面,面料本身所具有的外观能够满足设计的审美需要,另一方面,我们所欣赏的服装美与人体是不可分割的,随着人的站立、行走、静坐、奔跑等各种姿态的

---

① 　李莉婷.服装色彩设计.北京:中国纺织出版社,2000.

变化,服装会表现出不同的外观效果。为了保证服装对人体的活动性的适应,在进行设计时,也要充分考虑服装所选用面料的物理和化学性能。

一、面料设计的定义

面料设计是对面料的原材料、色彩、纹样、组织以及物理、化学指标等各个方面进行的综合设计,这些工作往往是由面料生产企业的面料设计师和工艺技术人员完成的。在服装设计中提出的面料设计的概念是指由服装设计师选择或二次设计的面料设计,包含两方面的含义。一方面是根据设计意图对现有面料进行选择,选用某种面料进行服装设计,或者将几种面料进行组合搭配以符合自己的设计需求。另一方面是现有面料不能满足服装设计师的需要,服装设计师对现有面料进行再设计,通过一定的工艺手段改变面料原有状态以呈现出新的面貌。

二、面料设计的分类

服装设计师参与的面料设计可以分成两大类,一类是对现有面料的选择与组合,一类是对现有面料的改造和再创作。

(一) 面料的组合设计

所谓面料的组合设计,就是在一套或者一个系列的服装设计中,选用哪种或者哪几种面料进行搭配组合。根据选用面料的种类,面料的组合设计可以分为三种方式。

1. 同一面料组合设计

同一面料组合设计在面料设计中是最简单直接的一种方式。选用同种面料需要考虑的主要是面料的质地、手感和色彩。在质地和外观上要能够实现设计师的造型要求,在手感上要能满足穿着者的皮肤舒适性要求,在色彩上要符合设计需求。一般来说,即使是制成品的面料,服装设计师在下面料定单的时候也可以对面料的手感、克重和色彩提出自己的要求,面料企业在进行生产时会根据服装设计师的要求进行调整。

同一面料进行组合设计时,更多的是对色彩的组合,这时设计师要考虑的是色彩的对比和搭配效果,包括单件服装色彩搭配,系列服装的色彩搭配等,这些属于服装色彩设计的范畴(图3-45)。

2. 类似面料组合设计

类似面料组合设计是指选用种类不同但是在质地和外观效果上相接近的面料进行组合设计。如斜纹面料与灯芯绒面料的组合,粗针织与细针织面料的组合等。这种组合搭配方式可以使服装看起来具有变化,总体效果比单独使用其中的一种面料要丰富。同时,由于组合面料在材质上相同或类似,具有相近的外观感觉,因此,进行搭配组合的面料很容易协调。这种组合方式既有变化难度又不大,在生活装的设计中是常用的面料设计手法(图3-46)。

图 3-45　同种面料的组合设计——上下装均采用麻质面料(Miu Miu)

图 3-46　类似面料的组合设计——采用蕾丝、雪纺、丝绸面料组合(Kathy Heyndels)

3. 对比面料组合设计

对比这个概念在设计中常常出现,一般是指反差极大的元素,如对比色,对比造型等。这里所说的对比面料是指在外观上有极大差异的面料,如厚与薄、轻与重、柔软与硬挺,透明与遮挡,光滑与毛糙。这种观感上的强烈对比在近些年的服装设计中非常流行,因为其视觉效果非常独特,很多服装设计师都喜欢采用此法。在对比面料的组合设计中,要注意的是工艺问题。因为面料在材质上有极大差异时,进行拼接工艺制作可能会遇到问题,如两种面料无法拼接或者即使可以拼接但接缝无法做到平整美观等(图 3-47、图 3-48)。

(二) 面料的二次设计

面料的二次设计就是在成品面料上根据自己的需要对其外观进行再设计,通过一定的加工手段进行改造以达到新的色彩、质感、肌理、纹样等面料效果。面料的二次设计具体方法多种多样,这里将其分为平面手法和立体手法,并进行常用手法的简单介绍。

图3-47 对比面料的组合设计——采用针织、皮革、丝绸等反差极大的面料,色彩采用对比色(Marc Jacobs)

图3-48 对比面料的组合设计——采用厚针织、粗花呢、皮革、雪纺等多种面料对比组合(Balenciaga)

1. 平面设计手法

对面料进行的平面设计就是在服装的面料上进行一些加工,在基本不改变服装表面平整度的情况下改变面料的外观效果,使服装表现出新的审美效果。常用手法有:

(1)喷雾印花:用喷雾的方式将染液通过版型上的镂空花纹在纺织品上印花。这种方法具有手感柔软,立体感强,层次丰富,花形饱满的效果。

(2)荧光印花:荧光颜料不溶于水,它和高分子胶黏剂混合在一起,用于各种纤维织物的印花染色,具有色泽鲜艳的特点。

(3)金银粉印花:在印花浆中加入具有金银色泽的金属粉末(如铜锌合金、铝粉)着色剂的涂料印花的方法。织物具有华丽感,有镶金嵌银的效果,其原理是特殊的化学制剂可使花纹呈现出特别靓丽的金银色,并且色泽持久不褪色,可在许多种布料上印制。成本比传统工艺低,是一种十分理想的装饰印花工艺。

(4)钻石印花:钻石印花即把廉价的形似钻石的微型闪光物质印在织物上,使面料的表面呈现具有钻石光芒的图案,雍容华贵。

(5)蜡染:蜡染制作是将熔化的石蜡或蜂蜡等作为防染剂涂抹在布料上,冷却后将布料浸入冷染液浸泡数分钟,染好后再以沸水将蜡脱去的方法。除蜡后未被染色的部分显现出本布色,从而形成图案形象。由于涂绘蜡液通常使用的是特制蜡刀或毛笔,所以蜡染图案形象既可以刻画得十分严谨精细,也可以粗犷、奔放,表现丰富而自由。由于蜡冷却后碰折会形成许多裂纹,经染液渗透后显现出自然、美丽的裂纹,这成为具有蜡染特殊韵味的一种装饰(图3-49)。

(6)扎染:扎染是通过针缝或捆扎布料来达到防染目的的面料处理方法。将按照设计意图缝制、捆扎好的布料投入染液中煮沸15分钟(也有用冷染方法),然后取出布料,拆掉绳线,即可显现出图案花纹。由于染液的渗透性和缝制、捆扎的松紧度不可能完全一致,使得扎染图案显得虚幻朦胧,变化多端,其天成的效果不可复制。扎染图案的最大特点在于水色的晕染,所以,设计师应着意体现出捆扎斑纹的自然意趣和水色迷蒙的自然效果(图3-50)。

图3-49 以蜡染方式对面料进行处理的现代服装 　　　　图3-50 追求扎染效果的现代服装

(7)手绘:即用毛笔和染料直接在服装上绘制图案的面料设计方法。手绘的特点是具有极大的灵活性、随意性,可以鲜明地反映设计师个人的意趣、风格,绘画味很浓。由于手绘图案的不可复制性,故适用于单件、小批量装饰,手绘服装的成本价格也因此而提高(图3-51)。

(8)激光切割:采用激光切割机对服装面料进行任意图形的准确裁切。先进的科学技术成就了设计师各种新奇的创作想法,激光切割后的面料可单独使用,也可以与其他面料叠加使用。其细腻的镂空处理可使面料形成各种纹路,包括几何形状、花卉、宗教图案等,或规整或繁复,打造出精致的设计效果(图3-52)。

图 3-51　手绘服装（Vera Wang）

图 3-52　激光切割（Salvatore Ferragamo）

（9）数码印花：数码印花就是通过各种数字化手段，如扫描、数字相片、图像或计算机制作处理的各种数字化图案输入计算机，再通过电脑分色印花系统处理后，用 RIP 软件通过喷印系统将专用染料直接喷印到各种织物或其他介质上，再经过加工处理后，在纺织面料上获得所需的各种高精度印花产品。与传统印染工艺相比，数码印花可使纺织面料色彩更亮丽，细节更细腻，图案效果更立体（图 3-53、图 3-54）。

2. 立体设计手法

对面料的立体设计就是通过再加工将其从二维形态转化为三维形态，使其拥有浮雕的面貌。服装设计师常用的处理技法繁多，具体采用何种方法来处理，要根据面料及不同的设计要求而定，因人而异。主要手法有：

（1）转移植绒印花：植绒印花是在织物表面涂印胶黏剂，并植上纤维绒毛使之与织物结合，获得如同平绒织物外观效果的一种工艺方法。植绒印花具有丝绒感，立体感强，色彩鲜艳，弹性好、耐洗、工艺简单、花形变换方便且无污染。

（2）绣花：绣花泛指在一定的面料材质上按照设计要求进行缝、贴、钉珠、穿刺、粘合等手法，通过运针，用绣线组织成各种图案和色彩的一种技艺。如果再把不同的装饰材料加以组合，便可形成立体感和装饰性都很强的设计效果。常见的方法有刺绣、贴花、缉明线、钉珠片、多层透叠等。刺绣工艺历史悠久,遍布世界各地,刺绣的方法也各有不同,每一地区的产品又各具地方特色。以下列举几种常用的绣花方法:

图 3-53 数码印花(Liselore Frowijn)

图 3-54 数码印花

① 彩绣:彩绣指以各种彩色绣线绣制花纹图案的刺绣技艺,具有绣面平整、针法丰富、线迹精细等特点。彩绣的色彩变化十分丰富,它以线代笔,通过多种彩色绣线的重叠、并置、交错,产生华而不俗的色彩效果。尤其以套针针法来表现图案色彩的细微变化最有特色,色彩深浅融汇,具有国画的渲染效果(图 3-55)。

② 贴布绣:贴布绣也称补花绣,是一种将其他布料剪贴绣缝在服饰上的刺绣形式。其绣法是将贴花布按图案要求剪好,贴在绣面上,也可在贴花布与绣面之间衬垫棉花等物,使图案隆起,产生立体感。贴好后,再用各种针法锁边。贴布绣绣法简单,图案以块面为主,风格别致大方(图 3-56)。

③ 珠片绣:珠片绣也称珠绣,是将空心珠子、珠管、人造宝石、闪光珠片等装饰材料绣缀于服饰上,以生产珠光宝气、耀眼夺目的效果,一般应用于舞台表演服上,同时也广泛用于鞋面、提包、首饰盒等服饰物品(图 3-57)。

④ 绚带绣:绚带绣也称扁带绣,是以丝带为绣线直接在织物上进行刺绣的工艺。绚带绣光泽柔美、色泽丰富、花纹醒目而有立体感,是一种新颖别致的装饰形式(图 3-58)。

图 3-55　彩绣——多层彩绣四季春如意式大云肩

图 3-56　贴布绣

图 3-57　珠片绣（Rani Zakhem）

图 3-58　绚带绣（Valentin Yudashkin）

（3）拼接：把各色面料裁成各种形状小片再重新缝合，利用两块面料的缝合边线作特殊的装饰效果的方法，拼接后的面料表面又可形成特别的图形和纹样（图3-59）。

（4）镂空：传统的做法是镂空绣，又称为雕绣，即在面料上按花纹修剪出孔洞，并在孔洞中绣出或实或虚的细致花纹。可在平整的面料上镂空，镂空部位的边缘用手工或机器锁边处理，或直接采用不易起毛边的材料进行镂空（图3-60）。

图3-59　拼接（Viktor & Rolf）　　　　　　　图3-60　镂空（Adeline Ziliox）

（5）压褶：使用不用压力的轧辊对织物进行压轧以获得波纹效果的工艺。压褶的外观效果繁多，有排褶、工字褶、人字褶、波浪褶等，可形成不同形式的立体表面肌理，视觉和触觉奇异而强烈（图3-61）。

（6）压纹：使用不用压力的轧辊对织物进行规则或不规则的压皱处理，定型后的面料形成立体凹凸的纹理，可以收缩拉伸，近似手工打缆的效果，用于服装上能有效地衬托出女性身材的曲线美，也是用于制作年轻人时髦物品的织物（图3-62）。

（7）抽缩：从布料的反面，以格子为单元用线或细橡皮筋钉缝后再抽缩，形成立体布纹的工艺。根据抽缩的方法不同可以形成人字纹、井字纹和其他一些立体纹样，光与影的变化使面料的肌理变得具有立体感。同时，褶裥的抽缩、凹凸表现在服装上能有效地衬托女性的曲线美（图3-63）。

（8）编结盘绕：以绳带为材料编结成花结钉缝在衣物上，或将绳带直接在衣物上盘绕出花形进行缝制。这种工艺手法的装饰形象略微凸起，具有类似浮雕的效果（图3-64）。

（9）缀挂：缀挂是将装饰形象的一部分固定在服装上，另一部分呈悬垂或凌空状态，如常见的缨穗、流苏、花结、珠串、银缀饰、金属环、木珠、装饰带等。这类服饰的动感、空间感很强，会随穿着者的运动产生丰富的动态变化，呈现出飘逸灵动的效果（图3-65）。

图 3-61　压褶（Armine Ohanyan）

图 3-62　压纹——面料经压纹处理后制成文胸与外衣（Prada）

图 3-63　抽缩——裙子与袖子部分经抽缩处理（John Galliano）

图 3-64　编结盘绕——以绳带围绕领部进行编结，效果丰满生动（Valentino）

图 3-65　缀挂（Giorgio Armani）

（10）破坏性处理：通过破坏面料的表面使其具有类似各种无规则的刮痕、穿洞、破损、裂痕等效果的不完整、无规则的破坏性外观，包括抽丝、镂空、烧花、烂花、撕裂、磨损等处理方法（图3-66）。

通过这样一些特殊的工艺手法能够使服装外观从色泽、肌理和图案上获得极其丰富的视觉效果，对于服装设计师运用现代的造型观念和设计意图对主题进行深化构思有着极大的辅助作用。

三、面料设计的应用

面料不仅可以诠释服装的风格和特性，而且直接左右服装的色彩和造型的表现效果，是服装设计的物质基础。服装面料五花八门，日新月异。正确地选择面料是服装设计师必备的基本素质之一，如果能在材料上进行个性化的改造，更将为设计增添独一无二的魅力。

(一) 同种面料的应用

同种面料在服装设计中的应用是指在整款或整套设计中采用的面料纱线、织法、表面效果等技术指标都相同，仅仅是色彩有变化，意即使用单一面料进行设计。如果在设计中连色彩的变化也没有，就是同一块面料的使用，那么服装的效果则取决于这块面料的质感与色彩。如果进行了色彩的变化，那么服装效果则由进行镶拼或搭配的色彩感觉来决定（图3-67）。

(二) 类似面料的应用

类似面料在服装设计中的应用是指在设计中采用的面料在材质、厚薄、手感、悬垂度等方面非常接近，如牛仔布与卡其布、棉质面料与麻质面料等。类似面料由于在质感与视觉效果上比较接近，所以进行穿插组合的设计效果与使用单一面料相比较，既有变化又有联系，且比较容易协调。从某种程度上看，类似面料的组合应用与类似色的配色效果予人的视觉感受有异曲同工之妙，都属于在很容易达到协调统一效果的范围内进行的小幅度的变化设计（图3-68）。

(三) 不同面料的应用

不同面料在服装设计中的应用是指在设计中采用的面料具有极大的反差，这种反差表现在面料的材质、肌理、手感、外观效果等方面。如雪纺与革皮的搭配，针织面料与梭织面料的拼接，厚重面料与轻薄面料的组合等。

图3-66　破坏性处理——将毛衣剪开，形成大小不一的圆形镂空装饰（MSGM）

图3-67　同种面料的应用（Miu Miu）

不同的面料质感与肌理会予人不同的心理感受,在质感与表面肌理上反差很大的面料组合在一起时会形成强烈的对比,这种对比使服装表现出丰富的外观效果,也是面料组合设计中难度最大的。这种处理手法使常规面料的设计应用显得富有变化(图3-69)。

图3-68　类似面料的应用——采用相近面料进行多重组合,色彩鲜亮,以同种类图案风格达到整体统一(Just Cavalli)

图3-69　不同面料的应用——光滑紧密的绸缎与松软粗糙的针织物进行搭配(Les Copains)

第四节　辅　料　设　计

服装辅料对服装起着辅助和衬托的作用,辅料与面料一起构成服装并共同实现服装的功能。设计现代服装应特别注意辅料的作用及其与面料的协调搭配,辅料对现代服装的影响力越来越大,成为服装材料不容忽视和低估的重要组成部分。

一、辅料设计的定义

服装辅料是指在服装中除了面料以外的所有其他材料的总称。如服装的里料、衬料、填充料、线、花边、纽扣、拉链、襻以及商标、标签等。服装设计中辅料设计是指服装设计师根据自己的服装造型等设计需要选择合适的辅料进行组合搭配,如:选择何种质地的里料? 色彩是与面料一致还是采用对比色？闭合部位是采用纽扣还是拉链？采用何种质地、何种造型的纽扣/拉链？领部和衣身的絮填料采用同样厚薄的还是不同厚薄？这些方面都要由服装设计师来决定，这将影响到服装的设计效果，即保证服装在具备审美性的同时，还要兼具适应人们日常生活需要的功能性。

二、辅料设计的原则

服装辅料在服装中不像服装面料那样占有主导地位，对服装的整体感觉起到决定性的作用，但也是不可忽视的。在进行辅料设计时，还需要考虑作为细节的辅料与服装的整体搭配。

(一) 与面料感觉相配合

面料由于材质的不同会有不同的风格，辅料也同样具有不同的风格，如辅料中的里料由于材质的不同会表现出不同的风格。在里料与面料的搭配上，一般会选择风格与材质相接近的进行设计。如牛仔夹克多选用棉绒布、纯棉格子布等同一材质的里料。而真丝旗袍多选用真丝里料。在紧固材料与其他材料上的设计也是如此，需要考虑辅料与面料感觉的协调性。

(二) 与整体风格相适应

服装的造型、色彩与面料共同构成服装的整体风格，在进行辅料设计时需要考虑这种风格。不同的辅料本身也具有不同的风格，从材质到色彩和图案都会改变辅料本身的风格。如：木质纽扣具有质朴、怀旧、田园等风格倾向；金属纽扣则具有中性化、工业化的风格倾向；蕾丝花边具有女性化、浪漫优雅的风格倾向；皮质流苏具有民族化、艺术感的风格倾向。这些风格与整体服装的风格要相辅相成，不可脱节错位。

(三) 与服装定位相一致

不同的辅料由于材质的巨大差异，可分为高、中、低档。在辅料的选择与设计上需要仔细考虑服装的定位。这一定位既包含服装对目标客户的定位，也包含服装的价格定位。不同定位的目标客户对服装的要求不一样，这种要求表现在服装的多个方面。而辅料档次的变化会直接影响到服装的成本，从而影响到服装的价格。一般来说，服装的辅料应与服装面料价格相符，既不要高于服装面料的档次，增加服装成本，也不要低于服装面料的档次，拉低服装的整体档次。

上述原则是进行辅料设计时要遵循的一般原则，恰如其分的辅料运用会使设计锦上添花，不当的辅料设计则可使设计功败垂成。此外，也有特殊的情况：有时服装设计师为了追求一种独特的设计效果，会反其道而行之，将对比极其强烈的面辅料放在一起进行组合，这种设计往往需要服装设计师具备对设计元素准确把握与熟练运用的能力，否则可能会导致混乱不堪的结果。

三、辅料设计的应用

辅料在服装的造型、功能、装饰、档次等方面所起的作用不可小觑，很多时候甚至是无可替代的。对辅料的恰当选择可为服装增添效果，反之，则可能会导致服装造型、使用、价格上的不合适、不协调，破坏服装的设计效果，严重的会毁掉服装设计师的设计。

(一) 里料的选用

里料的选择必须与服装面料相匹配，同时还要与服装款式相协调，在选配时应考虑以下几方面内容。

（1）质地及色彩：呢绒、毛皮等较厚的面料，应配以质地相当的美丽绸、羽纱；丝绸、棉布等较薄的面料多采用薄型里料，如细布、电力纺、尼龙绸等。质地较软的面料选用柔软的里料可真实地体现款式风格，若配以硬挺的里料，可改变面料在服装中的效果。里料的颜色一般与面料相协调，尽量采用同色或近似色。特殊情况下如装饰需要可采用对比色或非同类色。一般女装里料的颜色不深于面料颜色，浅色面料应配浅色或无色里料，男装要求里料与面料的颜色尽可能接近。

（2）性能：里料的缩水率、耐热性能、耐洗涤性、强度以及色牢度等性能应与面料相同或接近，以保证服装洗涤后不变形、不沾色，并有较长的使用寿命。

（3）实用性：里料的质量对服装的影响不容忽视。里料应光滑、耐用，使服装穿脱方便，能保护面料，应根据季节的需要具备吸湿、保暖、防风等性能。

(二) 絮填料的选用

在服装絮填料的应用中，既有纤维材料、毛皮、羽绒等传统常用材料的应用，也有泡沫塑料等特殊材料的应用，还可将多种材料混合使用。

1. 纤维材料

（1）棉纤维：棉纤维属于天然物质且舒适柔软，弹性差，受压后弹性与保暖性降低，水洗后难以干燥且易变形。棉绒布可作为厚夹克的保暖填充料。

（2）动物毛绒：羊毛和骆驼绒是高档的保暖填充料，保暖性好，易毡结，如能混以部分化学纤维则效果更好。由羊毛或羊毛与化纤混纺制成的人造毛以及长毛绒，都是很好的保暖絮填材料，由它们制成的防寒服装挺括而不臃肿。

（3）丝绵：丝绵由茧丝或剥取蚕茧表面的乱丝整理而成，其长度、牢度、弹性或保暖性优于棉花，密度小，是冬季丝绸服装的高档絮填料。丝绵光滑柔软，质量轻而保暖，穿着舒适、价格较高，多用于高档丝绸服装。

（4）化纤：随着化学纤维的发展，用作服装絮填材料的品种也日益增多。腈纶轻而保暖，腈纶棉被广泛用作絮填材料。中空涤纶的手感、弹性和保暖性均佳。以丙纶与中空涤纶等混合做成的絮片，加热后丙纶会熔融并粘结周围的涤纶或腈纶，做成厚薄均匀、不用绗缝亦不会松散的絮片，可水洗且易干，可根据服装尺寸任意裁剪，加工方便，是冬装物美价廉的絮填材料。

2. 毛皮和羽绒

（1）毛皮：天然毛皮的皮板密实挡风，毛皮中贮有大量空气而具有极好的保暖性。当前基于环保理念，越来越多的人造毛皮也为设计师们选用。

（2）羽绒：主要以鸭绒、鹅绒为主。羽绒由于很轻而且热导率很低，蓬松性好，是人们喜爱的防寒絮填料之一。使用羽绒为填充材料要做好防钻绒的技术处理。

3. 泡沫塑料

泡沫塑料有许多贮存空气的微孔，轻而蓬松保暖。用泡沫塑料作絮填料的服装，挺括而富有弹性，裁剪加工较简便，价格便宜，但舒适性差，易老化变脆。一些不追求多次使用及穿着舒适性的创意类服装会采用此类絮填料。

在设计中，为降低羽绒成本，可将羽绒与细且涤纶混合使用，填充效果更加蓬松，可提高保暖性并降低成本，亦有将驼绒与腈纶混合进行絮填的。此外，为了使服装达到某种特殊功能，还可采用具有特殊功能的絮填料。如在宇航服中为了达到防辐射目的,使用消耗性散热材料作为服装填充材料,在受到辐射热时,可使这些特殊材料升华,从而进行吸热反应。随着功能性服装的发展,功能性服装絮填材料会越来越多。

(三) 衬料的选用

服装衬料的品种多样、性能各异,选用时应考虑下述因素。

(1) 服装面料的性能:通常衬料应与服装面料在颜色、单位重量与厚度、悬垂性等方面相匹配。如法兰绒面料要用厚衬料,丝织面料则要用轻薄的丝绸衬,针织衬料用于针织服装等。

(2) 服装的造型:服装造型和款式会受到衬料的影响。如硬挺的衬应用于服装领、袖和腰部,外衣的胸部则应选用较厚的衬。有些服装设计的效果应考虑以衬来辅助完成。

(3) 服装的用途:如果是需要经常水洗的服装,应选择耐水洗的衬料。而需干洗的服装就应考虑选用耐干洗的衬料,并应考虑到面料与衬在洗涤、熨烫的尺寸稳定性等方面的配伍。

(4) 生产设备:粘合方式和衬料的选择,要考虑到粘合设备的幅宽、加热形式等条件。

(5) 价格与成本:服用材料的价格直接影响到服装成本,应全面考虑。

(四) 垫料的选用

服装用垫料的种类相对于衬料要简单一些,在垫料的选用上应注意以下几个方面:

(1) 衬垫料应硬挺而有弹性,有利于支撑面料,能起到造型作用。

(2) 根据服装面料的质地、厚薄、颜色选配衬垫料。

(3) 衬垫料的性能,如吸湿透气性、耐热性、缩水性、耐洗涤性、色牢度、坚牢度等要与面料和里料相匹配。

(4) 根据服装部位选用相应的衬垫料。如胸衬应挺括,领口衬、袖口衬应柔和而有弹性。

(5) 垫肩的种类、外形、规格要与服装款式和穿着者身材尺寸相配合。

(五) 紧固材料与其他辅料的选用

服装的紧固材料有纽扣、拉链、挂钩、环、尼龙搭扣及绳带等。这些材料在使用时不能破坏服装的整体造型,在某种程度上还应对服装起到修饰作用。

1. 拉链

拉链是服装的重要辅料,随着服装面料材质和款式的变化以及服装多种功能的要求,需要各式各样、各种类别的拉链与服装配用,以取得与服装主料在厚薄、性能和颜色等方面的相容性、和谐性、装饰艺术性和经济实用性。所以选择时应注意拉链齿的材质,拉链结构、色泽、长度,拉链的强度,拉头的功能等。在使用拉链时也要注意正确使用和对其保护,如拉合拉链时不能用力过大,洗涤时应将拉链拉合等。

2. 纽扣

纽扣是服装的重要配件,在选择纽扣时应注意外表美观,在颜色、造型、质量、大小、性能、产品质量以及价格等方面应和服装面料相配伍。服装的设计应与纽扣的选用(种类、材料、形状、尺寸、颜色和数量)一并考虑。纽扣的颜色应与面料的色彩、图案相协调,可采用同色或近色,亦可采用对比色或金银色以突出装饰效果。纽扣的材质、轻重应与面料的质地、厚薄、图案、肌理相匹配。纽扣的选择还要与面料经济价值、服装档次相适应。中、低档面料也可选用质地较好、装饰性较强、价格稍高的纽扣,搭配得当可提高服装的档次。

3. 花边

花边是指有各种花纹图案作装饰用的带状织物,用作各种服装的嵌条或镶边。花边主要分为机织、针织(经编)、刺绣及编织四大类。此外,还有珠状花边(精制双边花边用线穿小珍珠,作为婚礼服的装饰);穗带花边(一种真丝花边,由顶端的饰带和或长或短的结环以不同的对比色系成穗带);羽毛花边(围绕绳的中心线将软羽毛串在一起,再经手工精心缝制);丝绸花边(质地轻薄、有光泽,可以手工或机器缝制)等。

4. 绳、带、搭扣

(1)绳:服装上的绳具有紧固和装饰作用,如运动裤上的绳、连帽服装上的帽绳、风衣上的腰节绳,以及花边领口上的丝带绳、服装上的装饰绳、盘花绳,服装内的各种牵带绳等。绳的原料主要有棉纱、人造丝和各种合成纤维等。

(2)松紧带、罗纹带:松紧带对服装具有紧固作用,也便于服装穿脱,适合童装、运动装、孕妇装和一些方便穿脱的服装使用,常用在这些服装的裤腰、袖口、下摆、脚口等处。

罗纹带属于罗纹组织的针织物,具有较好的弹性,其原料有棉、涤、锦、腈、氨纶等,主要用于服装的领口、袖口、脚口及下摆等处。

(3)搭扣:用尼龙为原料的粘带扣,也称尼龙搭扣,由两条不同结构的尼龙带组成,一条表面带圈、一条表面带钩,当两条尼龙带相接触并压紧时,圈钩就粘合扣紧。尼龙搭扣多用于需要方便而能快速扣紧或开启的服装部位,如消防服装的门襟扣、作战服装的搭扣、婴儿服装的搭扣等。

第五节　结构设计

即使建筑设计师画出了漂亮的建筑效果图,也还需要切实有效的结构设计才能把纸面上的建筑图稿变为现实。服装设计师亦然,图稿上再漂亮的服装也必须由一片片的衣片构成的,这些衣片如何变成符合人体生理特点且具有优美的造型并能使人穿着舒适的服装,就是结构设计所要考虑的问题。

一、结构设计的定义

在服装行业中,人们通常把服装的轮廓特征及其形态与部件的组合称为"结构"。服装结构设计是将服装款式设计的立体构思通过数字计算或实验手段分解展开成为平面衣片结构的过程。正确的结构设计能充分表达款式设计的意图。将衣片的平面图放出应有的缝份或折边便成为裁剪用的样版。

概括来说,现代服装结构设计的基本方法大致可分为平面裁剪与立体裁剪两种。在平面裁剪中,目前国内服装行业流行比例裁剪法和原型裁剪法两种。在服装设计中,如何选择适当的裁剪方法和结构设计往往是许多年轻的服装设计师所困惑的问题。一般来说,平面裁剪有助于初学者认识服装裁剪与人的体形之间的关系,是服装结构设计的基础。而立体裁剪是直接将面料放在人台上,用面料进行衣片结构的设计与款式的造型变化的处理。

平面裁剪和立体裁剪的方法如同人的两条腿,在行走时先跨出哪条腿是没有规定的。但是,如果只学会或偏向用一种方法,就好像人只有一条腿能走路一样。为此,在服装结构设计中具体采用哪种方法不仅要根据设计的造型来看,还要结合服装设计师与打版师的习惯。方法不同,目的一样,就是要尽可能地实现设计想法,达到好的外观效果与穿着舒适度。

二、结构设计的原则

服装结构设计是一种完整的全方面的工作。结构设计的成败决定了服装设计师的设计能否实现。因此,在进行结构设计时要遵循以下原则:

(一) 展现与表达设计构思

忠实再现服装设计师的设计意图是服装结构设计的首要任务。要按照服装造型设计的要求,确立用何种结构设计方法来表现其风格特征,要将服装造型设计的构思准确地表现在服装总体轮廓的外形状态上,合理地分割与绘制成能体现设计要求的各部位衣片的形状,从而确定服装的号型与服装各部位的规格尺寸,安排好服装各部位之间的比例关系。

(二) 注重局部结构设计

服装设计师在设计外形轮廓的同时,还要注意强调与表现服装局部的关系变化。虽然领边、袖口、省道等一些局部算不上是服装的主体,但是一旦被忽略就会影响服装的整体效果。因此,在服装结构设计中,往往就是由于许多局部细节处理得当,构成服装结构设计中最精彩、独具韵味之处,从而为服装锦上添花。能给服装设计的整体风格带来神韵,这正是服装局部设计的独特功力。

(三) 抓住体形特点展现人体美感

服装结构设计是始终围绕着人的美化和确立大众认可的社会形象而开展的一项工作。就人的个体而论,人的体态、各部分之间的比例存在很大差别。抓住体形特点,展现人体美感是进行结构设计时必须考虑的。服装结构的夸张与变形处理,要以能弥补人体的不足、突出体态优美为目的。服装设计师要学会运用各种造型来辅助、衬托、支撑和表现人体的美,不可颠倒主次,画蛇添足。

三、结构设计的应用

服装结构设计的优劣,决定着服装质量的高低,倘若没有精确、合理的结构设计,即使缝制工艺十分精细,也不能称为品质优良。因此,结构设计是服装造型的关键要素之一。

服装结构设计既是款式造型设计的延伸和发展,又是工艺设计的准备和基础。一方面是将造型设计所确定的立体形态的服装轮廓造型和细部造型分解成平面的衣片,揭示出服装细部的形状、数量吻合关系,整体与局部的组合关系,修正造型设计图中的不可分解部分,改正费工费料的不合理结构关系,从而使服装造型、工艺趋于合理完美。另一方面,结构设计又为缝制加工提供了成套的规格齐全、结构合理的系列样版,为部件的吻合和各层材料的形态配伍提供了必要的参考,有利于高产优质地制作出能充分体现设计风格的服装制品,因此服装结构设计在整个服装制作中起到了承上启下的作用。

许多服装设计大师精通结构与工艺,通过他们对服装结构的巧妙处理,设计作品展现出独特的造型效果,更有服装设计师将这种独特固定为一种风格,发展成为自己独有的设计语言,自成一派。

第六节 工 艺 设 计

制定准确的服装工艺设计方案是为了有效地控制服装产品质量。它把服装产品在制造过程中采用的技术和加工方法用文字和图形的形式加以规定,进而要求在生产过程中严格依此规定实施,不可稍有疏忽,否则不仅会影响设计的成品效果,更严重的是会给企业带来巨大损失。

一、工艺设计的定义

工艺常被定义为,为解决生产中的实际问题而采用的技术措施。它最初的含义是指在艺术创造中使用的一系列处理方法。技术措施的含义适合服装工业,因为服装设计是有目标的艺术形式,它需要通过工艺将其转化为最终产品。

服装工艺包括服装的规格尺寸、工艺要求、工艺流程,甚至推档规格、面料计算、辅料种类等内容,对这些细节服装设计师必须给予明确清楚的说明和标注,才能够保证服装设计师的设计初衷不会发生偏移和误解。

服装工艺设计就是对服装生产工艺过程做出统一设计,这种设计的重点是服装工艺准备和工艺的实施,主要包括服装打版采用何种加工工艺,合理安排和制定服装制作工艺设计路线,制定材料工艺消耗定额、工艺质量要求、产品检验规程和工艺流程等。在现代服装企业中,制定规范的服装工艺设计计划,在服装生产各个环节有效地实施控制,对于保证产品质量稳定、控制服装品质是十分重要的。

二、工艺设计的原则

服装的工艺设计受服装结构设计的直接影响,两者紧密联系。近年来,现代成衣生产逐步向科技化、技术化发展,服装的技术含量大大提高。在现代服装设计生产流程中进行工艺设计主要需要遵循以下原则:

(一) 紧密围绕服装结构

在进行工艺设计时,要认真分析服装的款式结构,利用合理的工艺,塑造完美的结构形式,使工艺与结构完美结合,互相完善。服装设计师必须对工艺有较深入的了解,而工艺师也必须熟悉结构,与设计师有同样的设计理念才能做出高品质的服装。

不同的结构形式所采用的工艺各不相同。相似的结构可以采用相似的工艺,也可采用不同的工艺。工艺特点在结构设计时就必须考虑进去,利用多方面的结构使工艺基础和现代的工艺技术相结合,创制出新的结构工艺和设计方法,做出时尚、有品位的服装产品。

(二) 注重传统工艺改进

现代成衣科技迅猛发展,科技含量提高,对工艺的影响也非常大。20 世纪中期以来,新产品、新技术、新工艺、新材料不断地应用到服装生产中。目前,服装生产从裁剪、黏合、缝纫、整烫、包装、工序间运输都已有了全套的机械设备。缝纫工序中不但有通用机,还有各种专用机,可以完成通用机难以保证质量的操作,如绱裤腰、绱衣领、绱袖口、打摺、开袋、锁眼、钉扣、缝裤带襻等。机器大大提高了生产效率和产品质量,尤其是电脑锁眼机、电脑钉扣机、电脑套结机、电脑绱袖机、电脑开袋机、电脑平缝机等,既方便快捷,又可以生产出品质优异的成衣,这些设备使得传统工艺难度系数降低,工艺质量得到提高。

在缝制机械迅速发展的同时,裁剪、整烫等服装生产中的其他工序设备也有了长足的发展,形成了完整的生产设备体系,极大地改变了传统的加工工艺和生产组织形式。

(三) 适应生产快速反应

由于国内外服装市场的激烈竞争,服装生产必须具有多品种、小批量、高质量、款式新、周期短等特点,才能在信息设计、生产加工和营销等方面实行全面快速反应。目前,模块式生产系统、柔性生产系统、吊挂式传输系统、单元同步生产系统等广泛应用于现代品牌服装成衣生产之中。

与此同时,一些经济发达的国家和地区仍然将经过单件量体制衣、精心熨烫塑型和手缝工艺制作的高档服装,特别是男女礼服、软料服装视作珍品。在现代服装加工生产中,手针工艺还是必备的基础工艺之一。因此,在进行工艺设计时需要根据具体情况设计相应的工艺流程。

(四) 积极采用高新技术

目前,品牌服装加工工艺已广泛采用电子计算机应用技术。例如,利用服装 CAD 进行服装效果图设计、款式造型设计、服装配色、面料选择、纸样制作与纸样推档、排料、样版储存、样版输出、款式管理、工艺试样说明等;利用服装 CAM 系统进行自动裁剪,准确有效地进行小批量生产,大大提高了服装质量和生产效率。

现代服装企业以小批量、多品种、短周期的生产模式为主。数字化已经深入到企业的设计、生产、销售、运输各个环节之中。许多应用了高新科技的新型机械为现代服装生产带来了翻天覆地的变化。服装自动粘衬及熨烫设备的引进,如覆衬机、全套服装局部定型机,减少了很多手工粘衬、覆大身衬以及局部的归拔熨烫定型等繁琐工序。在进行工艺设计时,要掌握和了解最新服装科技发展动态,及时有效地进行调整,以符合现代服装生产的需要。

(五) 协调面辅料的配合

服装面料、里料、衬料和其他辅料、配件是影响服装艺术性、技术性、实用性、经济性和流行性的关键因素,在进行工艺设计时,必须认真考虑这些因素之间的相互配伍与协调。随着服装科技的进步,面料、辅料的花样品种增多,质量提升,服装工艺也需随之改进。

从某种程度上说,成衣市场的激烈竞争已进入以材料取胜的时代。在服装材料上进行的新颖的特殊效果处理对简化整体服装工艺处理方法十分重要。如具有防油污、抗静电、免烫等功能的服装材料在成衣制作中节省了部分后期整理过程;夜光面料的出现可免去服装制作亮光显示的繁琐工艺;使用彩棉、矿物质植物染料的环保服装材料可省去成衣工艺前期处理的麻烦;保暖面料既轻薄、柔软,又舒适、暖和,省去了制作填充料的繁杂工艺。

新型辅料的研制和常用辅料的质量的提高及花色品种的增加,也为工艺设计带来很大改变。如牵条衬有很多型号,在服装上可利用不同牵条的拉伸力来改善局部造型,为实现成衣后期效果奠定基础。再如垫肩的款式非常多,可以塑造出丰富的肩部款式造型。这些都是现代服装工艺设计所需要认真对待的。

三、工艺设计的应用

服装工艺设计的重要任务是将严谨的技术、精湛的工艺技巧及严格的产品质量检测标准有机地统一起来,以确保现代服装造型设计的预想效果。一个服装设计构思在具体落实过程中,事无巨细都需要服装设计师考虑,妥善安排。

工艺设计是服装设计得以成为现实的技术保证,是体现服装设计的结构与造型的一种技术保障措施。在服装投产之前,服装设计师要合理安排工艺流程,要与工艺师一起研究每一个制作环节,同时要不断考虑穿着后的整体效果。尤其要留意造型比例,结构的连接,边线装饰的处理以及针脚的排列等方面,以保证最终出现的服装产品符合服装设计师心目中的预期效果。

第七节　其他相关设计

上述设计内容适用于所有类型的服装设计活动。在进行商业运作的服装设计时,除上述设计内容之外,还有为规划好的产品线进行的系列设计,以及在款式设计完成后的辅助设计内容。

一、系列设计

系列是相互之间有关联的能够成组成套的事物。服装的系列设计就是筹划设计相互之间有关联的成套成组的服装的过程与方法。这些成套成组的服装之间在款式造型、色彩、结构、装饰手法等各个方面具有连贯性和关联性。其中款式与色彩的关联最为重要,这是系列服装设计的核心。

款式设计的系列化可以通过变化服装的内部结构而保持服装的外部轮廓不变来实现;也可以通过变化服装的外轮廓而保持服装的内部结构特征不变来实现;还可以通过内部结构与外部轮廓同时变化,但在造型方法和结构线上保持同一性来实现。这需要对线条等造型要素的娴熟把握。

色彩设计的系列化有很多种方式,运用较多也是比较容易协调的方法是通过同一组色彩在系列服装上使用面积大小的变化来实现。服装系列设计中对色彩运用最简单的方式是同一系列服装采用同一种颜色,服装款式变化而色彩不变。这种方式往往是为了强调服装的造型或面料质感,在一些设计大赛中,可以见到选手们为了突出表现设计的整体造型或对面料进行的特殊处理,整组系列服装只采用一种颜色,舞台效果很强烈。

除了上述两者之外,材料的系列化在系列设计中也很重要,多种面料的拼接、组合在系列服装中的使用可以使设计效果更富于变化。需要注意的是,不同材质的面料在每款服装中的使用比例要有变化,这样不同面料的材质对比才能在整个系列中形成节奏感。

其他的诸如纽扣、拉链、商标、缝缉线等细节要注意统一,避免变化过多而使整个系列杂乱无章,因小失大。

扩展意义上的系列设计还包括服饰配件的系列设计,如鞋子、帽子、包袋、围巾等。服装设计师所进行的服饰配件设计更多的是为了丰富和衬托系列服装的效果,与专业的服饰配件设计师的设计略有差异。

二、辅助设计

　　服装设计师在现代商业环境中必须是一个多面手,对服装设计的整个环节即使不能样样精通,也必须能够面面俱到。服装设计师的想法要贯穿始末,只有这样,最终出现在消费者面前的才可能是完整的设计师意图的真实表现。即使服装已进入到流通环节中,服装设计师仍然有工作要做,这些工作包含专柜出样设计、橱窗陈列设计、广告造型设计等。在大型服装企业中,可能会有专业人员负责这些工作,如出样设计师、橱窗陈列师、广告设计师等,即便如此,这些人员仍然需要与服装设计师进行很好的交流沟通,以得到表现服装设计师灵感的最佳陈列或造型方案。

　　在我国,出样设计师、橱窗陈列师是新兴职业,刚刚萌芽,尚未形成气候,多数服装公司尚不具备这样的专业人员,广告造型设计也需要服装设计师的大力配合。因此,这些工作基本上是由服装设计师承担或者主导完成的。

　　出样设计是指对专卖店或者专柜里摆放、陈列服装的形式进行设计。服装的出样形式分为两种,一种是摆放或者悬挂在货架上的,一种是穿在店内的人体模特上的。事实证明,同一款式在出样后的销售情况要远远好于出样前,而出样的款式也比不出样的款式销售情况要好,因此如何出样变得非常重要。很多服装设计师会亲自向店长们示范每一季新品的出样形式,也会画好出样示意图或拍好出样效果的照片发放到全国各连锁或加盟店,指导销售人员出样,以保证将最好的服装效果呈现在消费者面前(图3-70)。

图3-70　服装店内出样

　　橱窗陈列设计是在服装店的橱窗里展示服装的一种设计,这种设计不仅包含服装款式和色彩的搭配,还包括对整个橱窗的色调、意境、道具、模特造型、背景、灯光等多方面因素的综合考虑。目的是要向人们展示品牌的文化内涵以及新一季产品的精髓。橱窗设计在国外已有悠久的历史,在我国则时间较短,对整个行业来说还有很长的路要走。一些有实力有远见的公司开始培养自己的橱窗陈列设计师,但多数服装公司的橱窗陈列设计仍然以服装设计师为主导(图3-71)。

　　广告造型设计主要是指针对服装宣传广告进行的服装整体造型设计,用于平面招贴画、灯箱、产品目录册等展示物上。在广告造型设计中,由服装设计师进行的设计一方面是指对模特的选择,比如模特的体形、气质、肤色以及发型、妆容、表情等要与服装相契合;另一方面是指进行广告拍摄时所选用的服装,比如上下装、内外衣的搭配以及服装的穿着方式。有时服装设计师为了追求静态效果,会打破原有的常规穿着方式,以一些特殊的穿着形式进行造型表现。此外,广告拍摄的地点、背景、光线及氛围等都是服装设计师所要考虑的。在进行服装发布会时,上述内容仍然由服装设计师决定,对于动态的服装发布,音乐也是由服装设计师选择确定的(图3-72)。

图3-71　橱窗设计(Hermès)　　　　　　　图3-72　广告造型设计(Diesel)

　　综上所述,服装设计包含的内容是广泛而丰富的。在今后的学习中,这些内容将逐一得到展开,我们也将进行深入而细致的学习。

第四章　服装设计思维

第一节　设计思维的定义

何为设计思维？设计思维是如何产生的？为什么在服装设计大赛中，面对同一命题，参赛者们送上的却是思路迥异、效果截然不同的设计稿？为什么服装设计大师们在每一季的设计中都会强调自己的设计灵感来源？灵感源自哪里？设计思维的对象是什么？设计思维的方式又是怎样的？搞清楚这些问题将有助于我们理解设计的来源与动力。

思维一词在英文中为"thinking"，在汉语中与思索、思考是近义词。思维是一种在感觉、知觉、表象等感性认识基础上产生的理性认识活动，它是通过概念、判断、推理的形式对现实所做的概括反映。它反映的不是客观事物的个别特性和外部联系，而是客观事物的内部联系。人们通过思维达到对事物本质的认识，因此，它比感觉、知觉、表象等对客观事物的直接的感性反映更为深刻，更为完全，也更为高级。

设计是把一种规划、设想、问题的解决方法通过视觉的方式表现出来的活动过程。它的核心内容包括计划、构思的形成，视觉传达方式以及计划通过传达后的具体应用。它是设计者针对由设计产生的诸多感性思维进行归纳与提炼所产生的思维总结。

一、设计思维的主体

设计思维活动的生理基础是人脑，人脑如何思维？在思维时具备怎样的运动特性？思维时会产生怎样的变化？这些变化对思维的结果会产生怎样的影响？这些内容是人们在研究人脑的功能时关注的重点。由此可知，在进行设计思维活动时，其主体即人脑。人的思维与人的感知、语言、情感等密切相关，而这些思维活动与大脑皮质部分的神经细胞有重要的关系。人的大脑中有上百亿的脑细胞，70% 集中于大脑皮质部分。人的脑神经约有 150 种，科学家们认为其中的星状神经细胞与人的高级心理活动相关。从生理学角度看，人的脑容量、脑结构差别并不大，但每个个体的思维方式、思维过程、思维结果却有着巨大的差异。这是因为每个个体的知识结构、智力结构和个人能力以及其他一些非智力因素有着极大的不同，这些因素造成了每个人在思维上的千变万化。

人脑具有思维的功能，设计思维属于人脑的一种高级思维形式。设计思维在表现物质世界的同时，更注意表现精神世界。服装设计师通过自己的设计作品表达发自内心的感叹和对事物的认识，这种认识来自于服装设计师对生活细致的观察和对产品的了解，来自于他们在思维过程中透过事物的表面现象捕捉到的本质特征。

在辨证唯物主义中,思维是意识的产物,即有意识才能产生思维,思维是意识的升华。意识产生的形式可大致概括为两种:一种是从客观实际出发,按照事物本身存在的样子去反映事物。这种反映形式所获得的是一种事实的意识,即知识。其目的在于向人们说明"是什么",这种反映形式表现的是事物的本来面目,是客观的科学的反映。另一种则是从主观需要出发,按照主体需要的标准来反映事物。这种形式在反映过程中掺杂了主体的评价机制,并通过评价把自身的需要渗透在反映的成果之中,因而在反映中必然包括着作为反映主体的人的选择和取舍。故其反映的是主体希望的样子而非事物的真实样子,表达的是"应如何"。

设计科学属于按照主体需要的标准来反映事物的意识形式,因而是包含了作为主体的服装设计师本人的选择与取舍的。这种取舍与选择表现在两个相关过程中:主体的意识过程和主体的操作过程。主体的意识过程是指主体在对客观事物进行观察时所表现出的对规律变化的意识与感受,这种意识广泛存在于有生命的物体中。英国艺术史家贡布里希(E.H. Gombrich)把这种"内在的预测"称为"秩序感"。这种对"秩序感"的需求"促使他们去探寻各种各样的规律"。

二、设计思维的对象

人生存在地球上,与自然和社会有着密不可分的联系。对于人来说,设计思维的对象存在于大自然和社会生活的各个方面。在艺术设计中,人们要对所设计的对象进行思考,经过思维活动形成具有符合功能和艺术表现力的设计作品。简言之,设计思维的对象就是艺术设计的内容、功能及所要达到的目的等。

从精神到物质,从主观到客观,可视为设计思维的题材无所不在。对生活中存在于身边的各种事物,人们会因人而异地产生不同的认识和看法。人们在思维过程中,还会加入自己的理念、观点,作出自己的推测和判断。例如,老虎作为设计题材出现在各个设计师面前时,所有设计师接收到的是同样的信息与符号,但经过他们的思维与创作后所表现出的设计作品却是千姿百态的(图4-1、图4-2、图4-3、图4-4)。

大自然中的种种形态会以其特有的美感启发人们的设计思维和创造欲望。在现代社会里,除了大自然这个最伟大的创造者所带来的各种神奇美妙的自然形态外,人作为世界的改造者,也在不断地创造各种人工形态,这是人与自然交融的结果。设计师进行艺术设计时可汲取灵感的来源已不仅仅是大自然了,现代生活的各个角落、各个层面、各种信息以及前人创造的优秀艺术设计作品都可能为设计师带来新的灵感,引发创作激情与冲动,由此可见,设计思维的对象是极其丰富的。

图 4-1　以老虎为元素的设计作品（Aalto）

图 4-2　以老虎为元素的设计作品（Victoria's Secret）

图 4-3　以老虎为元素的设计作品（Stella Jean）

图 4-4　以老虎为元素的设计作品（Ultra Chic）

三、设计思维的方式

心理学上认为,当人们感知事物的直观形象时,即人们观察事物时,在人与被感知对象的形式特征间会建立起相应的联系。每个人对生活的认识和见解不一样,对事物的观察和分析能力也因此不同。敏锐的观察力往往循着设计思维的轨迹而行。对美好事物的追求使设计师比常人的观察力更敏锐,思维更活跃。循着自己思维的轨迹,搜寻常人极易忽略的事物和细节,这些细小的内容就能够表现出设计的真谛和人们的真情实感。

设计思维的过程是一个环环相扣、步步深入的过程,集中地体现了思维活动中高度的归纳、整理、概括的能力。在生活中,人们通过细致的观察捕捉到的灵感素材还要通过思维,从一个环节到另一个环节不断对其进行取舍、提炼,才能把握事物的全貌,找出精华所在。

另一方面,对于生活经验的学习和借鉴也是设计思维的一种方式。从前人众多的设计实践经验中汲取营养是设计师丰富和开拓设计思维的重要途径之一。因为艺术设计本身是建立在前人经验的基础上并不断发展起来的,通过经验的积累可以摸索出事物的规律,找出灵感,得到启示,获得技巧,从而产生新的设计与创造。

第二节　设计思维的类型

设计可以看作是围绕问题的解决方法而展开的意念创造过程,在这一过程中,建立在抽象思维和形象思维基础上的各种思维形式相当活跃,并产生着积极的影响。从某种意义上讲,设计思维是多种思维形式综合协调、高效运转、辩证发展的过程,是视觉、触觉、心智等与情感、动机、个性的和谐统一。

一、发散思维

发散思维又称辐射思维、放射思维、多向思维或扩散思维,是指从一个目标出发,根据一定的条件沿着各种不同的途径去思考,对问题寻找各种不同的独特的解决方法,探求多种答案的思维。它与聚合思维相对,是测定创造力的主要标志之一。发散思维不受现有知识范围和传统观念的束缚,它以开放活跃的方式从不同的思考方向衍生新设想,在设计思维中占据非常重要的地位。

我们可以把一些已经完成的设计,从内在联系假设出发,做出发散思维的模型。以已有的某种产品为中心进行发散和开拓,形成一个"设计圈",把一种设计深化为一系列产品,这种方式在今天的设计领域运用得广泛而丰富。当前甚为流行的关于某种事物的衍生设计均属于发散思维的运用。如关于动漫的衍生品设计,关于汽车的衍生品设计等不胜枚举。衍生品的设计不是依靠一个人的智慧完成的,而是在一段时间里由许多人共同或者持续完成的,设计的内涵与外延也因此而得到扩展。

发散思维具有核心作用,想象是人脑创新活动的源泉,联想使源泉汇合,而发散思维为这个源泉的流淌提供了广阔的通道。发散思维具有基础作用,在创新思维的技巧性方法中,有许多与发散思维密切相关。发散思维还具有保障作用,发散思维的主要功能是为随后的收敛思维提供尽可能多的解题方案,我们无法保证这些方案个个正确、有价值,因此就需要保证有足够的数量。

发散思维具有流畅性、变通性、独特性、多感官性的特点。发散思维的流畅性是指在尽可能短的时间内生成并表达出尽可能多的思维观念以及较快地适应、消化新的思想概念,也就是指观念的自由发挥。流畅性反映的是发散思维的速度和数量特征。发散思维的变通性是指要克服人们头脑中某种自己设置的僵化的思维框架,按照某一新的方向来思索问题的过程。变通性需要借助横向类比、跨域转化、触类旁通,使发散思维沿着不同的方面和方向扩散,表现出极其丰富的多样性和多面性。发散思维的独特性指人们在发散思维中做出不同寻常的异于他人的新奇反应的能力,是发散思维的最高目标。发散思维的多感官性是指不仅要运用视觉思维和听觉思维,还要充分利用其他感官接收信息并进行加工。发散思维与情感密切相关,激发思维者的兴趣,使之产生激情,把信息情绪化,赋予信息以感情色彩都会提高发散思维的速度与效果。

突破常规、开拓思维重要的一点就是克服心理"定势"。"定势"是认知一个事物的倾向性心理准备状态,它可能使我们因某种"成见"而对新事物持保守态度。除此以外,物的有用性,即功能方面也可能会有"功能定势",也就是对物的功能有固定的看法,这会影响它在其他方面功能的发挥。一旦排除这种定势的干扰,思维也会另辟蹊径。

在服装设计上,发散思维的运用可以为设计师带来广阔的创造空间。许多服装设计师敢于突破传统,不受习惯思维的制约,创造出惊世骇俗的设计作品。当世人为这样的设计瞠目结舌之时,就是他们的设计作品受到关注之时。起初或许人们一时间无法接受这样的作品,但随后其新颖与个性所带来的强烈的视觉冲击力与震撼感将会征服人们,使其成为人们喜爱甚至追捧的对象。

二、收敛思维

收敛思维亦称聚合思维、求同思维、辐集思维或集中思维,是指在解决问题的过程中,尽可能利用已有的知识和经验,把众多的信息和解题的可能性逐步引导到条理化的逻辑序列中去,最终得出一个合乎逻辑规范的结论。它是针对问题探求正确答案的思维方式,是单向展开的思维。

收敛思维也是创新思维的一种形式,与发散思维不同。为了解决问题,发散思维是从这一问题出发,想的办法、途径越多越好,总在追求还有没有更多的办法。收敛思维则是在众多现象、线索、信息中,以某一思考对象为中心,利用已有的知识和经验为引导,从不同角度、不同方向寻求目标答案的一种推理性逻辑思维形式。发散思维对智力的充分开发,使我们可以在极为广阔的空间里寻找解决问题的种种假设和方案。与此同时,因为各种设想有的合理,有的不合理,有的正确,有的荒谬,所以使得结果具有不稳定性。正确的结论只有经过对各种设想的逐个鉴别、求证和筛选后才能得出。

由此可见,发散思维的发散所产生的各种设想是收敛思维的基础,收敛思维的集中、选择是对正确答案的求证。这个过程不能一次完成,往往按照"发散—集中—再发散—再集中"的互相转化方式进行。

与发散思维相比较,收敛思维具有封闭性、连续性、求实性、聚焦性的特点。收敛思维的封闭性是指在思考方向上把发散思维的许多结果由四面八方集合起来,选择一个合理的答案,具有封闭性,而发散思维则是以问题为原点指向四面八方,具有开放性。收敛思维的连续性是指其思维进行方式环环相扣,具有较强的连续性,而发散思维进行时是从一个设想到另一个设想,可以没有任何联系,是一种跳跃式的思维方式,具有间断性。收敛思维的求实性是指对发散思维的结果进行筛选,被选择出来的设想或方案是按照实用的标准来决定的,应当是切实可行的。

因为发散思维所产生的众多设想或方案,可能多数是不成熟的或不切实际的。当然这种切合实际的要求也不适用于发散思维阶段,收敛思维所具备的很强的求实性恰巧对其进行了弥补。收敛思维的聚焦性是指围绕问题进行反复思考,有时甚至停顿下来,使原有的思维浓缩、聚拢,形成思维的纵向深度和强大的穿透力,在解决问题的特定指向上思考,积累一定量的努力,最终达到质的飞跃,顺利解决问题。

三、逆向思维

逆向思维又称求异思维,它是对司空见惯的似乎已成定论的事物或观点反过来思考的一种思维方式。敢于"反其道而思之",让思维向对立面的方向发展,从问题的相反面深入地进行探索,树立新思想,创立新形象。逆向思维是通过改变思路,用与原来的想法相对立或表面上看起来似乎不可能解决问题的办法,获取意想不到的结果的一种思维形式。

人们习惯于沿着事物发展的正方向去思考问题并寻求解决办法。但有时对于某些问题,尤其是一些特殊问题难有好的解决之道,如果人们从结论倒推,倒过来思考,从求解回到已知条件,反倒使问题简单化,轻而易举被解决。司马光砸缸救人的故事,就是逆向思维应用的典型例子:既然无法爬进缸中,把人从危险的境地中解救出来,那就把缸打破,消除这个危险的环境,人自然就得救了。这就是逆向思维的魅力。

与常规思维不同,逆向思维是反过来思考问题,是用绝大多数人没有想到的思维方式去思考问题。运用逆向思维去思考和处理问题,实际上就是以"出奇"去达到"制胜"。在构思设计方案时,应注意绕开以前熟悉的方向和路径进行思考。逆向思维的结果常常令人大吃一惊,喜出望外,别有所得。我国古代有这样一个故事,一位母亲有两个儿子,大儿子开染布作坊,小儿子做雨伞生意。每天,这位老母亲都愁眉苦脸,下雨了怕大儿子染的布没法晒干;天晴了又怕小儿子做的伞没有人买。一位邻居开导她,叫她反过来想:雨天,小儿子的伞生意做得红火;晴天,大儿子染的布很快就能晒干。逆向思维使这位老母亲眉开眼笑,心情愉快。

逆向思维往往通过以下形式表现:反向选择——针对惯性思维产生逆反构想,从而形成新的认同,开创出新的途径;破除常规——冲破定势思维的束缚,用新视野解决老问题,并获得意外成功的效果;转化矛盾——从相去甚远的侧面作出别具一格的思维选择。

逆向思维具有普遍性、批判性、新颖性的特点。普遍性是指逆向思维在各个领域、各种活动中都有适用性,所以,逆向思维也有无限多种形式。批判性是指逆向是与正向比较而言的,正向是指常规的、常识的、公认的或习惯的想法与做法。逆向思维则恰恰相反,是对传统、惯例、常识的反叛,是对常规的挑战。它能够克服思维定势,破除由经验和习惯造成的僵化的认识模式。新颖性是指逆向思维与常规思维相比较而具有的创新性。循规蹈矩的思维和按传统方式解决问题虽然简单,但容易使思路僵化、刻板,无法摆脱习惯的束缚,得到的往往是一些司空见惯的答案。

任何事物都具有多重属性。由于受经验的影响,人们容易看到熟悉的一面,而对另一面却视而不见。逆向思维能克服这一障碍,往往能制造出出人意料,令人耳目一新的效果。

在服装设计领域,当设计师们无法突破自己、突破传统、突破惯势时,借助逆向思维有可能得到意外的收获。服装设计的生命力在于创新,随着经济的发展,人们在服装方面不再满足于传统款式,他们希望通过服饰能更多地展示自己,个性化着装追求成为主流。人们对服装的宽容度的增大为服装设计师提供了更加广阔的设计天地,服装设计师们用逆向思维打破传统束缚,开辟新的设计道路。从旧物的再利用到故意做旧处理的后加工,从暴露衣服的内部结构到有意撕裂完整的服装等方式,无不在向传统的服饰观念提出挑战,形成新的服装风格(图4-5、图4-6、图4-7)。

图4-5　逆向思维的应用——衣片的边缘不做处理,以原始的毛边状态出现,拼接的部位暴露在外,漂亮的连衣裙以不修边幅的形式出现(Bora Aksu)

图4-6　逆向思维的应用——婴儿的连体衣形式用到了成人服装上,面料也换成了透明的蕾丝面料,但胸罩又穿在了连体衣之外

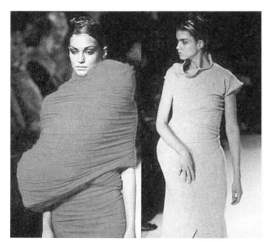

图4-7　逆向思维的应用——对女性胸腰臀起伏曲线的强调是人们一直以来的审美追求,反其道而行之的设计彻底颠覆了惯常的女性性感线条的走向(Rei Kawakubo)

四、联想思维

联想思维是将已掌握的知识信息与思维对象联系起来,根据两者之间的相关性生成新的创造性构想的一种思维形式,它是人脑记忆表象系统中,由于某种诱因导致不同表象之间发生联系的一种没有固定思维方向的自由思维活动。

联想思维主要表现为因果联想、相似联想、对比联想、推理联想等。

(1)因果联想。即从已掌握的知识信息与思维对象之间的因果关系中获得启迪的思维形式。时间上或空间上的接近都可能引起不同事物之间的联想。例如,当听到一首熟悉的伤感歌曲时,可能联想到以前听这首歌时发生的一些故事。

(2)相似联想。即将观察到的事物与思维对象之间作比较,根据两个或两个以上研究对象与设想之间的相似性创造新事物的思维形式,是由外形、性质、意义上的相似引起的联想。如由鸡冠花想到大公鸡。

(3)对比联想。即将已掌握的知识与思维对象联系起来,从两者之间的相关性中加以对比,获取新知识的思维形式,是由于事物间完全对立或存在某种差异而引起的联想。如由男性的强健阳刚联想到女性的娇小柔美。

(4)推理联想。即由某一概念而引发其他相关概念,根据两者之间的逻辑关系推导出新的创意构想的思维形式。它是由于两个事物存在因果关系而引起的联想,这种联想往往是双向的,既可以由起因想到结果,也可以由结果想到起因。例如,由天气寒冷联想到需要保暖,由此导致冬装设计中保暖材料的应用。

联想思维具有连续性、形象性、概括性和扩展性的特点。运用联想思维从事设计创造时,可以根据事物对象的特征以及联想概念的语义组成联想链,将改进的对象组成同义词链,把随意选择的对象组成偶然对象链,把它们的特征组成特征链。当设计师在同义词链、对象链和特征链之间建立新的组合时,就能产生新奇而丰富的设计创意。一般而言,联想思维越广阔,越灵巧,创造性活动成功的可能性就越大。

联想思维包括幻想、空想、玄想。其中,幻想,尤其是科学幻想在人们的创造活动中具有重要的作用。想象是建立在知觉的基础上,通过对记忆表象进行加工改造以创造新形象的过程。

就设计而言,作为思维的辅助,联想思维中最重要的想象的目的在于解决某些现实问题,因此设计师的想象是有限度的。设计师的想象最终要付诸实现,不能仅仅停留在构思或草图的阶段。从这个意义说,设计师的想象比纯艺术家的想象受到更多制约,因而更难。想象是对现实的材料进行加工改造,然后产生新形象。这种加工改造的过程,是想象发挥创造力的过程。但是想象又必须突破过去经验和惯常思维的限制,才称得上是创造性的想象。如果只是在过去已经存在的设计作品上做一些修修改改的工作,谈不上是真正的创造。因此,真正优秀的、富有创造性的设计总是给人以耳目一新甚至出乎意料的感受。

从认识论的意义上说,联想可以激活人的思维,加深对具体事物的认识。从设计创造的意义上说,联想是比喻、比拟、暗示等设计手法的基础。从设计接受、欣赏和评价的意义上说,能够引起丰富联想的设计容易使接受者感到亲切,并形成好感。

五、模糊思维

模糊思维是运用潜意识的活动及未知的不确定的模糊概念,实行模糊识别及模糊控制,从而形成富有价值的思维结果。在处理模糊的或较精确的、不断变化和错综复杂联系中的各个因素时,模糊思维以不确定发展趋势与现实状态来整体把握客观事物而进行的全息式、多维无定式思考的方式,是人们对对象类属边界和情态的不确定性的思维。

人的思维活动是一种多层次、多侧面、多回路、立体展开的、非单向线性延伸的复杂系统运动。在这个运动中不仅要受主体的思想、观念、理智的制约与规范,而且将主体的情感、欲望、个性、气质、爱好、习惯和难以捉摸的直觉、潜意识、幻觉、本能等都交织在一起。人们在评价女性美时常用的漂亮、可爱、迷人等词汇都是不可量化的,是一种模糊的感受。

模糊思维具有朦胧性、不确定性、灵活性等特点。在设计上,模糊思维的模拟性与不确定性为设计带来了更多的表现空间。一方面,视觉艺术在审美上的模糊性使得设计师们可以采用多种手段与表现形式来传达内心的想法;另一方面,观赏者或使用者不见得能够真切地体会到设计师的本意,但模糊思维仍然会使他们产生一定的情绪感受,这种感受可能与设计师的感受类似,也可能迥异。无论如何,只要能够让人们有所触动,这个设计作品就有了生命。在这一点上,模糊思维扩大了人们对设计作品接受的范围。

此外,还有一种情况:在视觉艺术中,设计是通过视觉语言来传达信息的,视觉传达发生偏差时就可能产生模棱两可、虚幻失真的矛盾图形。当某种矛盾空间图形语言的信号出现于非典型环境中的时候,如仍将人们的视觉运动按通常方式加以诱导和暗示,就会创造出突破二维、三维乃至多维空间的视觉效果。这时的模糊思维会创造出与众不同的效果(图 4-8、图 4-9)。

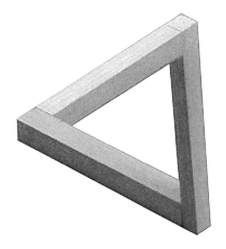

图 4-8　矛盾图形——如何才能扭曲成如此造型?

图 4-9　矛盾图形——是猫还是鼠?一对天敌和谐共处于一幅图形中,成为对方不可或缺的组成部分

第三节　设计思维的应用

　　如果说设计是体现文明进步的一种方式,那么,它首先表现为设计在思维上的合理性和科学性。设计在思维上表现出"唯他"性,而非"唯我"性的核心逻辑。所谓"唯他",就是强调设计者将其创造植根于所服务的对象之上,并将服务对象的整体作为主体利益的思维核心。设计思维不是孤立的附庸风雅,也不是对技术文明和文化符号的简单追随,更不是在纯粹艺术殿堂里抒发个人意趣的单纯思维。设计是解决具体问题、反映宏观主旨的有效手段,是通过巧妙的形式把来自各方的诉求综合起来,然后表现为"无声的引导,无言的服务"。

　　设计思维肩负着对社会责任的思考,是一种探讨人们如何健康生活的思维,是可贵的人文关怀。作为设计师要善于观察,勤于动脑,在仔细观察事物的基础上培养对事物观察的敏锐度,这样才能够迅速捕捉事物转瞬即逝的闪光点,从中找到创作的灵感,激发出独特的设计构思。设计师创作激情的突发往往是对生活的细致观察、敏锐发现,并与其做发自内心的交流后产生的。所谓"外师造化,中得心源"即是如此。

　　总的来看,设计过程首先是一个认识过程,因为任何设计都必须解决某个或某些具体的问题,而且为了解决这些问题,设计者必须保持清醒的头脑,充分意识到各种限制条件(包括委托人和消费者的要求)。但是,设计几乎没有唯一的答案,即使是最完美的设计方案,也不过是无数可能答案中的一种。换句话说,所有的设计方案都只是一种可能的方案,面对同一个具体的问题可以有无数可能的解决方案或设计方案。具体到每个设计,设计的过程可能是以某种思维为主,也可能是多种思维混合的结果。为了能够更好地说明各种思维方式作用的效果,下面分别对各种思维方式在设计中的应用进行说明。

一、发散思维的应用

　　发散思维自开始起已经明确或限定了某些因素,并以此为出发点进行各个方面的思考,设想出多种构思方案。在设计中,发散思维应用于设计构思的初级阶段,是展开思路、发挥想象,寻求更多更好的答案、设想或方法的有效手段。整个思维过程构成散射状,具有灵活、跳跃和不求完整的特点。在服装设计中,可以从如下几个方面入手进行发散思维的应用:

　　材料发散——在设计中运用多种材料,以其为发散点,重在表现材料之间的丰富对比效果。

　　功能发散——以服装的某项功能为发散点,设计出实现该功能的各种方式,或者设计出该功能的衍生功能。

　　结构发散——以服装的某个结构为发散点,将这一结构进行转化设计,或者设计出实现该结构的各种可能性。

　　形态发散——以服装的某一形态为发散点,设计出利用该形态的各种可能性。

　　组合发散——以服装本身为发散点,尽可能多地把它与别的事物进行组合,形成新事物。

　　方法发散——以某种设计方法为发散点,设想出利用这种方法的各种可能性。

　　发散思维不仅需要设计师本人的智慧与创造力,有时候还需要利用身边的无限资源,集思广益。设计团队的分工协作就是对这种合力的最好的应用形式(图 4-10、图 4-11)。

图 4-10　"蒸汽拉伸"——由计算机程序驱动蒸汽发热,引发提花织物收缩为三维压线,得到极具视觉效果的有机面料,图案类似树木年轮(Issey Miyake)

图 4-11　材料发散(Viktor & Rolf)

二、收敛思维的应用

收敛思维往往出现在发散思维之后,是在广泛收集设想后,对各种方案进行筛选、甄别,选择其中最合适的一种方案深入地进行下去,是对设计深化、充实、完善的过程。

在服装设计中,当有了明确的创作意向之后,作品究竟以什么形式出现,采用什么形态组合,利用什么色彩搭配,以及辅料的选择等具体问题都需经过一番认真的思索和探寻。如果说设计初期发射思维的运用能够表现设计师的灵性和天赋,那么,设计深入阶段收敛思维的运用则是对设计师的艺术造诣、审美情趣、设计语言的组织能力和运用能力以及设计经验的检验。同样一个主题、一种意境,可以有许许多多的表现形式,比如同一主题的设计大赛收到的设计征稿无论数量多少,作品内容绝无相同(当然,对同一作品的抄袭现象不在此列,抄袭作品是谈不上设计思维的运用的),甚至可以说有多少参赛者就会有多少种方案。在实际设计中,尤其在设计的学习阶段,往往会出现好的立意和构思因得不到相应的表现导致失败的创作。收敛思维的运用可以使设计构思达到最佳状态,使主题得到充分表现。

三、逆向思维的应用

在服装设计中,逆向思维的应用常常因突破常规思维而为服装带来新的流行与时尚。从服装发展史来看,时装流行走向常常受到逆向思维的影响。物极必反这一原则在服装的流行中已无数次被验证。当装饰过剩、刺绣繁杂的衣装和沉重庞大的假发等法国贵族样式盛行时,人们开始反思,将目光向田园式的装束及朴素、机能化方向推移。当巴黎的妇女们穿惯了紧身胸衣、笨重的裙撑和浑厚的臀垫时,人们开始从造型简练、朴素、宽松中体验一种清新的境界。这一思维方式的运用在今天的服装设计中更加普遍:如毛衣上故意做出破洞,剪几个口;服装边缘毛茬暴露,有意保留粗糙的缝纫针脚,露出衬布,像是个半成品;把一些完全异质的元素组合在一起,把极薄的纱质面料和厚重的呢绒面料拼接起来,将运动型的口袋和优雅的礼服进行搭配。这种服装潮流在与传统风格较量中逐渐被人们所认识和接受,充斥着大街小巷,人们从中感受到了"逆向思维"设计的魅力(图4-12)。

稍加留意就可发现,很多大师级的服装设计师,在设计上对于逆向思维的运用都卓有成效。日本设计师川久保玲喜欢从各种对立要素里寻求组合的可能性(图4-13、图4-14)。她说:"我的思路和灵感时时不同,我从各个角度来考虑设计,有时从造型,有时从色彩,有时从表现方法和着装方式,有时有意无视原型,有时根据原型,但又故意打破这个原型,总之是反思维的。"

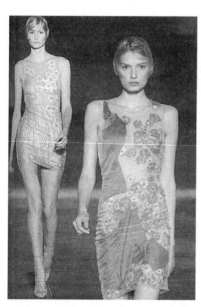

图4-12 将精心设计制作的褶皱效果藏在里面,以透明面料紧压其上,反其道而行之的逆向思维设计具有无限的发挥空间(Alexander McQueen)

图4-13　川久保玲设计的男裙

图4-14　川久保玲设计的女装

具有强烈叛逆精神的法国设计师香奈儿在第一次世界大战后推出针织男式套装,把当时用做男士内衣的毛针织面料用在女装上。这无异于平地惊雷,因为在当时,尤其是正式场合,女士穿裤装是大逆不道的。上流社会名媛淑女的虚荣、浮夸、相互攀比的风气令香奈儿深恶痛绝,由此她设计出仿钻石的珠宝首饰,美丽但不昂贵。这对于传统的贵夫人形象无疑是充满了反叛与革命精神的。这种逆向思维在伊夫·圣·罗兰、三宅一生等设计大师的作品屡屡得到运用(图4-15),对现代女装的发展起着不可估量的作用。

四、联想思维的应用

联想思维能够使人们克服两个不同的概念在意义上的差距,并在另一种意义上把它们联结起来,由此产生一些新颖的思想。创造技法中的联想构思发明法就是利用联想思维进行创造的一种方法。由此及彼,由表及里,我们可以把它理解为联想思维为人们观察和思考事物所

图4-15　伊夫·圣·罗兰1966年推出宣扬女权的吸烟装,在当时掀起轩然大波,被称为"女性服饰的大革命",意义远超时尚本身,因此获得当时时尚杂志评选的"最佳设计师奖"

带来的好处。古往今来,人类一直是在无意、有意中通过各种联想,不断从自然界中得到启迪,从而创造了无数工具、方法等成果,为自己的生存和发展创造条件。

联想思维在设计中的应用是灵活的,可以将联想到的各种相关构成要素进行重组,突破原有的结构模式,创造出新的形象。如在建筑设计、家具设计等立体设计中,根据新的需要或新的功能要求,对人们已经习惯了的空间分割或组合进行重新安排,从而形成新的设计形象。还可以借助拼

贴、合成、移植等方法将看似不相干的事物结合起来,以形成新的形象(图4-16、图4-17)。

图4-16　以原木的造型与纹样为灵感运用联想思维设计出圆润浑厚的上衣,与轻灵的裙子相搭配,充满生机的小花与绿叶更加强了上衣的木质感(Alexander McQueen)

图4-17　从女性追求个性,希望塑造自己独特的风格,联想到每件服装的出现都如同一场小型时装秀,而着装者恰是这舞台上的主角(Viktor & Rolf)

联想能力的大小取决于设计师积累的知识和经验的丰富程度。增长见识,对设计师来说就是发掘联想思维的很好的途径。生长在海边的人联想到大海的频率要远远高于出生在大平原上从未见过大海的人。因此,在分析和欣赏一些艺术家和设计师的作品时会发现其作品与创作者本人的经历有紧密的联系。也正是因此,设计师们要走出工作室,去接触更广泛的世界,为设计寻找触动灵感的创作来源。

此外,联想能力与设计师是否具有良好的思考习惯有关。有的人虽然见多识广,然而整天无所事事,不肯多动脑筋,也不可能有丰富的联想。因此,养成良好的思考问题的习惯,是培养联想能力、提高创造能力的一个重要措施。

五、模糊思维的应用

模糊思维在对形象思维和抽象思维的协调与融合上有着不可取代的作用。美术史上的许多画家和理论家都非常重视模糊概念。有时,设计师们在纸上涂涂画画,并没有清晰的想法想要表现什么,或者想要画个什么具体的东西出来,但画着画着,笔下线条出现的一些造型可能会触动设计师的某根神经,灵感突现,从而思如潮涌,笔走如龙,一个新颖的设计就此成型。

在服装设计中,模糊思维的应用也比比皆是,对于为腰身不那么苗条而苦恼的着装者来说,宽松无腰线设计的款式因模糊了腰臀曲线而深受其喜爱。当前流行中性化思潮,服装设计师们在服装的设计上就会刻意模糊男女装的性别界限,以满足人们的这种审美需要。这种模糊思维弱化甚至改变了人们对于服装的一些约定俗成的概念,为创造新的潮流与时尚提供了新的思路

（图4-18、图4-19）。与此同时，设计师也要考虑到模糊的尺度，不可无边无际以致出现不协调的设计。如在童装的设计上可以借鉴成人装的一些设计元素，适当地模糊儿童化设计因素可以使童装更符合潮流更具有时尚感，但不可彻底抹煞童装与成人装之间的界限，否则就会出现"缩小了号型的成人装"这样尴尬的设计（图4-20）。

图4-18　模糊思维的应用之结构模糊——服装肩部与袖子界限模糊，衣身各部位失去了与人体相对应的造型，模糊的外形将女性身体曲线全部掩盖，已无法确切指出服装的各部位（Katya Pshechenko）

图4-19　模糊思维的应用之款式模糊——千变万化的款式无不借助于面料得以实现，当以完整布料披覆身体时，谁能知道下一个款式会是什么？而着装者又会是谁？（Maison Martin Margiela）

图4-20　模糊思维的应用——在肩部尚且结构清晰的袖子莫名消失在衣身中，只剩几道含糊不清的缝合线（Preen by Thorton-Bregazzi）

第五章　服装设计方法

第一节　服装设计方法的定义

服装设计师在进行设计时,前文所述的各种物的要素是最基本也是必要的,但这样是不是就可以设计出合适的完美的作品了呢? 应该说,具备了物的要素只是为设计出好的作品奠定了物质基础。如同做菜,所有的材料都备好了,要烹饪出美味佳肴还得靠厨师的技艺。同样,在服装设计中,对材料、造型、色彩等这些设计要素应如何选取、如何组合、如何协调以使创造出来的作品达到服装设计师心目中的设想,成为完美的设计,需要一定的方法、技巧与经验。服装设计师用以完成设计的各种手段与方法是本章要探讨的主要内容。

一、服装设计方法的概念

方法是指用实践(实际操作)的模式或过程(步骤)达到某个目的,有时还包括在这一过程中所使用的工具或技巧。方法在人类征服自然、改造世界的过程中始终占据着重要的地位。

服装设计方法是为了完成设计、实现设计师预想的设计效果所采用的手段与方式。解决问题的方法正确与否,直接影响到工作的效率和结果。正确的方法为成功奠定了一个坚实的基础,而采用错误的方法无异于沙地起高楼,是难以达到目的的。

设计什么? 设计怎样的造型,选择怎样的材料、色彩,保证怎样的机能性? 如何充分发挥面料的性能特色? 设计的结果能够对人产生怎样的心理作用? 这许多问题都需要在进行设计之前从多方面多角度进行认真的分析与考虑。

二、服装设计方法的应用前提

服装设计的方法可以总结出很多种,这些方法经过了许多服装设计师的实践和检验,具有一定的规律性和普遍性。学习和掌握了这些设计方法,不代表设计师可以随心所欲地对设计元素进行组合创造。这些方法的应用需要一定的前提,这个前提建立在对服装设计这项工作、这门设计艺术的理性认知的基础上。服装设计必须与具体的穿着者即人结合起来,服装设计师需要考虑服装穿着者的身份、穿着时间、穿着场合、穿着目的等,即5W1H1P。

(一) 何人穿 (who)

"何人穿"是一个关于主体是谁的问题,这个主体既是服装设计师的设计对象,也是服装的服务对象。设计作品给谁用、给谁穿是设计进行前要考虑的首要问题。服装设计工作必须要针对一个明确的使用主体来进行,切实把握主体的形象特征是服装设计活动得以开展的主要条件之一。

不同的人对于服装的要求不同。因为每个人对生活的态度不同,文化艺术修养、兴趣爱好、审美观点、个性特征等都有一定的差别,对服装的要求也不尽相同,所以着装对象是谁,是服装设计中不可忽视的重要因素。

在考虑这个问题时,要根据消费对象的性别、年龄、体形、个性、职业、收入、生活方式、习惯等进行分析。在现代成衣设计中,基本上采取的都是定位设计的方式,在需求与设计之间找到平衡点。这种定位设计面对的不是一个人,而是一个群体。要针对这个群体的共性进行分析,主要是对他们的生活舞台、生活方式、生活空间以及他们的心理感性层面、感觉类型及对时尚的态度等做全面的分析,以获取消费对象的需求信息。

(二) 何时穿(when)

"何时穿"是服装设计师必须考虑的另一个重要因素。设计进行之前,就必须做好设计作品何时使用的计划。与使用时间、季节不相符的设计难以表达出理想的效果,有时,不能满足这一条件的服装甚至会完全失去其作为商品的价值。

这个时间因素从大的方面看,是指一年四季的季节变化,从小的方面看,是指一天 24 小时中的具体时间。成衣生产的设计计划要对四季进行更详细的区分,常见的详细分法有初春、春、初夏、盛夏、晚夏、初秋、秋、冬 8 个季节。进行设计时要详细区分这些时令的气候差异,以保证服装对着装者的适应。

具体时间指具体在什么时间穿用,如早、中、晚等。虽然现在对这种时间区分不是特别严格,但在正式场所,还是要慎重着装,注意将着装者的文化修养、素质品位体现出来。恰如其分的着装体现的是服装与着装者的文化内涵(图 5-1、图 5-2)。

(三) 何地穿(where)

着装者穿着这套服装将会出现在什么样的场合?"何地穿"回答的是一个关于着装环境的问题。这是服装设计师需要考虑的一个客观限制条件。着装的环境包括自然环境和社会环境两种,社会环境指工作场所、学校、饭店、商店、剧场、娱乐场所等。自然环境指海滩、森林、高山、平原等大自然的环境。所设计的服装是在什么场所、什么地方、什么环境使用?这些都是服装设计师在设计中必须考虑的重要因素。在哪个国家穿?在城市穿还是在乡村穿?在北方寒冷地带穿还是在热带穿?这些地理环境的变化会使服装穿着需要发生改变,在设计时就要仔细斟酌,设计内容应当随之而变。

在日常生活中,人们涉足的场合有很多。如运动场合,由于运动的种类很多,不同运动类别的运动地点、场合条件不同,对服装的要求也不同。即使同样是出席晚会或参加聚会,聚会的目的、地点也可能会有差异,在设计中就必须仔细考虑许多细节问题,以使着装与场所的各项条件如室内室外、地点的装饰风格、灯光效果等达到谐调的状态。

另外,人文环境的变化也是需要考虑的。例如不同宗教信仰的民族对色彩、图案、材料及形体的认识、喜好以及着装的禁忌都有着极大的区别。这也是设计中不可忽视的大环境因素,要求服装设计师掌握相应的民风民俗和宗教文化,以对设计作品有适度的把握。

图 5-1　欧洲的晨服——明黄色缎质
镶蕾丝边刺绣晨袍,1912 年

图 5-2　欧洲的日常服——条纹日装长套裙,1911 年

(四) 为何穿(why)

"为何穿"表达的是穿着的目的,这一使用目的是设计的前提。使用目的与设计目的两者并不完全一致,使用目的是从着装者的角度去看,设计目的是从服装设计师的角度去看,但使用目的是设计目的的一个重要方面。设计存在某种目的性是一种必然,这也是设计与艺术之间存在的一个极大的区别。服装在产生的最初阶段对人体具有保暖及保护作用,其后就有了男女差别,又逐渐发展为体现着装者地位、身份、喜好、个性、精神思想等内容的一种不可缺少的外在表现形式。对于服装设计而言,服装设计师首先要考虑的就是为什么进行设计,以什么使用目的为设计的前提。人们的着装心理既是相对稳定的,又是时时变化的,是一种动态平衡。不同的人对于着装的目的是不一样的,即使是同一个人,在不同时间、不同场合对服装的要求也是不同的。

人们着装的目的不同,对服装的风格、造型、色彩、质感的要求也不相同。如上班时人们希望服装能够体现自己精明干练、稳重踏实的职场形象;闲暇时希望通过着装得到轻松自在、悠然自得的感受;与朋友相聚时则希望自己能以亲切活泼、漂亮迷人的形象出现。这种通过着装来体现自己的身份、地位、素质、修养,表现出个性、时尚和审美品味的内在需要是人们着装的重要目的。在设计中,服装设计师需要深入地研究和分析人们的这些欲求心理特征。

(五) 穿什么 (what)

很多人每天清晨打开衣橱,思索的就是"今天穿什么?"。尽管对每个人的重要性不一样,但"穿什么"仍是一个每人每天都要面对和解决的问题。一般而言,对这个问题的重视程度和投入程度,女性要高于男性,中青年女性要高于老年女性。当每个人伸出手去从衣橱中拿出当天要穿的衣服时,就完成了一个选择,这个选择回答的就是"穿什么"。

对服装设计师而言,"穿什么"就是选择最合适的服装形式与形态进行设计来满足人们的这些要求。对着装者而言,"穿什么"就是在衣橱中挑选出最符合这些要求的服装与配件。当现有的服装都不能达到这种要求时,新的购买需要就诞生了。"女人永远缺少一件衣服"表达的就是女性对于着装的丰富多变的需求。

"穿什么"这一命题是不能脱离前述的时间、场合、目的等因素而孤立存在的,它建立在这些限制条件的基础之上。

(六) 如何穿(how)

在回答了"穿什么"的问题之后,还有一个重要的步骤不可忽略,就是"如何穿"。这是一个对现有的服装进行搭配组合的问题。在服装设计上,"如何穿"要解决的是如何让选择出来的服装及其配件饰品以最合适的方式组合起来。这个合适与否的评判标准在于与上述穿着对象、场合、目的的匹配程度。符合穿着对象与场合的具体情况且达到穿着目的的服饰就是合适的,反之则是不合适的。香奈儿有句话:"所谓好的设计,就是在合适的时机拿出合适的款式。"意指款式与具体的穿着需求的匹配。

在现代服装设计中,"如何穿"这一问题的解决是由服装设计师和着装者两方面共同完成的。服装设计师在进行设计时会有预先设想的穿着效果,这种效果会以多种方式进行表达。服装发布会、产品手册、橱窗展示、专柜出样等都在向人们传递着服装设计师的组合搭配方式。穿着者可能会被组合搭配的整体效果打动从而购买其中的一件或者几件,但在实际穿着中往往又会根据自己的实际情况与喜好进行调整,照搬橱窗中的整体装扮的现象少之又少,这就是着装者的个性表现。也就是说,对于"如何穿"每个人都有自己的理解和方式。

(七) 经济 (price)

服装设计与艺术不同,它一定会受到时间和经费的制约,因此服装设计师的工作与纯粹的艺术家的创作过程有着较大的区别。作为一名服装设计师,要考虑的除艺术审美因素及上述人的因素外,还有经济因素,即如何以最少的费用支出换得最理想的回报,这是在现代社会中每一个经营者与服装设计师的重要使命之一。

在成衣产品设计开发过程中,成本核算是销售计划的中心课题。材料费、加工费、市场流通费等各占多少比例? 所得利润有多高? 这也属于服装设计计划的重要内容。对服装企业而言,这份计划制定得是否出色,从某种程度上直接影响着服装企业的发展前景。服装设计师作为这个环节中的重要角色,也必须关注相关内容。对于一些期望自己开工作室或者自己创建设计师品牌的服装设计师来说,就必须更加注重这一点。

从着装者的角度而言,经济也是一个重要因素。服装价格的高低在一定程度上左右着装者对服装的审美,从而影响到购买决策。这里的经济不仅包含服装的价格,还包括了着装者为了拥有这件服装所需支付的时间成本、体力成本等。这些方面虽然不是服装设计师的强项,但设计时也必须多方面综合考虑,服装设计师应具备为着装者考虑的思想意识。

第二节   服装设计的主要方法

　　服装艺术设计包含多种设计元素,如色彩、造型、材质、结构等。如何把这些不同种类不同性质的元素巧妙地融合在一件、一套、一系列的服装设计中,需要一定的方法。服装设计师需要具备很强的创造力,也需要丰富的设计经验。一名成熟的服装设计师在运用各种设计方法上是驾轻就熟、得心应手的。对于初学者而言,首先要了解并且掌握这些设计方法,其次是在实际的设计中不断磨练、实践这些方法,直至这些方法成为自己的设计手段中自然而然的组成部分。

一、逆向法

　　所谓"逆向"就是与原来的方向相反,这种方法也称反对法。它是把原有事物放在反面或对立的位置上,寻求异化和突变结果的设计方法。这是一个能够带来突破性结果的设计方法,它不仅能改变服装的造型,还往往是服装新形式的开端。因为它的思考角度产生了方向性的逆转,打破了常规思维所带来的常规设计结果,所以它有可能导致服装造型的革命性改变。

　　逆向法的内容既可以是题材、环境,也可以是思维、形态等。在服装设计中,可以从服装种类的角度逆向,如上装与下装的逆向,内衣与外衣的逆向,男装与女装的逆向。可以从服装材料的角度逆向,如里料与面料的逆向,厚重面料与轻薄面料的逆向。可以从服装造型的角度逆向,如前面与后面的逆向,宽松与紧身的逆向等。可以从用途的角度逆向,如礼服与日常服的逆向,冬装与夏装的逆向。还可以从工艺的角度逆向,这样也会出现意想不到的效果,如简做与精做的逆向、将隐藏的针法故意外露、把里子的处理工艺逆向运用到外观上等。

　　使用逆向法时要灵活机动,不可为了逆向而逆向。逆向的出发点是创新,但目的仍然是要实现美的效果。切忌生搬硬套,出现不伦不类的"嫁接品"。设计作品无论多有新意,都要保留原有事物自身的特点,以免使设计显得生硬而滑稽。如把一件衬衣逆向设计成一条裙子时,要顾及裙子的基本特征,作必要的修正。内衣外穿时也不是把一件内衣套在外边即可,而是在借助内衣造型的同时还要兼具外衣的特点(图5-3、图5-4)。

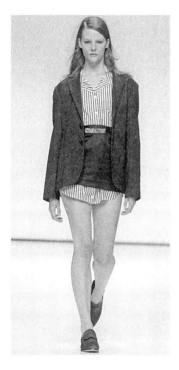

图 5-3　采用逆向法,打破常规,让裙子
短于衬衫(Peter Jensen)

图 5-4　在内衣外穿的同时,进行材质的变换
(Alexander McQuee)

二、变换法

变换法是指改变当前形态中一项或多项构成内容,形成一种新的结果的设计方法。设计的涵义之一是创新,无论变换哪个方面都会赋予设计以新的涵义。若处理得当,其效果令人称奇,而采用的手段却非常简便。设计、材料、制作是构成服装的主要要素,变换法在服装设计中的应用可考虑从这三方面入手。

变换设计:指变换服装的造型和色彩以及饰物等。例如,白色在西洋婚纱设计中具有宗教意义,但它不符合中国传统文化中对喜庆色彩的认定。因此变换婚纱的白色为有彩色,并把露肩设计变换为中国旗袍式的领部造型,就使得这种西洋服装形式有了全新的设计含义,避免了"水土不服",从而受到中国女性的欢迎。又如,当某个款式处于热销阶段时,就可以考虑改变其面目了,因为随之而来的可能就是销售的衰减。适当的变动既保留了原先受到人们欢迎和喜爱的服装整体感觉,又由于局部的变动而避免了审美疲劳带来的负面效应,从而继续保持畅销状态。这种变换在不少服装品牌中都可以发现,也可以称为设计的延续性(图5-5)。

变换材料:指变换服装中的面料和辅料。香奈儿有一季的设计中把常规的风衣面料换为透明的彩色塑料布,给人带来全新的视觉感受。在今天,科技的进步使得服装设计师可以运用的材料范围越来越广,对材料的再处理工艺和方法也越来越丰富。有时,变换材料可以使一个平淡无奇的设计焕发生机,如把礼服的丝绸面料换成具有太空感的银色涂层材料,礼服就可能变成颇具创意的前卫装(图5-6)。

图 5-5　从外穿风衣的口袋到内穿西装的扣合方式及长度，以及西装的形式均进行了变化（Moncler Gamme Bleu）

图 5-6　仅仅是变换了面料与色彩，西装就表现出截然不同的戏谑效果（Comme des Garcons）

　　变换工艺：指变换服装的结构和制作工艺。结构设计是服装设计中的重要内容，变动分割线的部位就可能改变整件服装的风格，而不同的制作工艺也会使服装具有不同的风格。普通的职业装改用缉明线的工艺就可使得服装风格趋于休闲。变换加工工艺也可以促成新的服装产生。例如，将西装的传统工艺简化，推出"柔软裁剪"的概念，使西装改变了传统厚重的面貌，出现了轻薄型西装。

三、追踪法

　　追踪法是以某一个事物为基础，追踪寻找所有相关事物并进行筛选整理，从中确定一个最佳方案。当一个新的造型设计出来后，设计思维并不就此停止，而是顺着原来的设计思路继续下去，把相关的造型尽可能多地开发出来，然后从中选择一个最佳方案。追踪法由于设计思维没有停止而使得后面的造型不至于过早夭折。这种方法是系统化、全面化的设计方法，速度快捷、手法简便，如服装的系列化设计往往会用到追踪法。当企业要推出一个新款式时，服装设计师可以以某个款式为基准，推出一系列与其相关的款式，然后从一大堆款式中选出那些各方面都出色的款式，组织其生产、上市。如果一名服装设计师只是停留在对某个款式的不停修改上，从理论上说会抑制后续款式的出现，既不利于思维的展开，又不利于款式的挑选。

　　追踪法适合大量而快速的设计,设计思路一旦打开,人的思维会变得非常活跃、快捷,脑海中会在短时间内闪现出无数种设计方案,追踪法可以迅速地捕捉住这些设计方案,从而衍生出一系列的相关设计。经常用追踪法进行设计,设计的熟练程度会迅速提高,应付大量的设计任务易如反掌。在今天这个信息化时代,人们对时尚的更新速度要求越来越高,一些快时尚品牌(图5-7、图5-8)为适应人们的这种需求,其产品就是以快速设计为特色。这些企业的服装设计师们要具备根据设计企划进行快速大量设计的能力。

图5-7　某快时尚品牌的秋冬女装　　　　　　图5-8　某快时尚品牌的男装系列

四、联想法

　　联想法是指以某一个意念为出发点展开连续想象,截取想象过程中的某一结果为设计所用的设计方法。联想法是拓展形象思维的好方法,尤其适合在设计前卫服装和创意服装时寻找灵感。联想法主要是为了寻找新的设计题材,使设计思维突破常规,拓宽设计思路。联想之初必须有个意念的原型,然后由此展开想象,进行不断的深化。每个人的审美情趣、艺术修养和文化素质不相同,因此不同的人从同一原型展开联想设计会有不同的设计结果。

　　被誉为"布料艺术雕塑家"的意大利设计师罗伯特·卡布奇(Roberto Capucci)来中国举办作品发布会时,笔者参加了他与服装设计专业学生的座谈。他在谈到自己的设计过程时说:"我在非洲时见过一种鸟,当它的尾翼打开时色彩绚烂,而收起时又恢复成简单的一种颜色,我为这种美丽打动,但没有想好如何表现这种感受……当我看到中国的折扇时,那种折叠的形式让我联想到了这种鸟,我又联想到服装的裙摆……当我把这三者联系起来,就有了现在大家看到的设计。"在他的设计中,由面料折叠和褶皱所形成的肌理感给人以强烈的审美感受。这是服装设计师从最初的感触经过一系列的联想后在服装上的最终表现(图5-9)。

需要注意的是,以联想法进行设计需要在一连串的联想过程或结果中找到自己最需要又最适合发展成服装样式的设计元素。正如罗伯特·卡布奇的设计,折扇的形式为他在服装与鸟的尾翼之间搭起了一座桥梁,最终出现了完美的设计,而不是在人的裙子上长了一只奇怪的鸟尾巴。

五、结合法

结合法是把两种不同形态和功能的物体结合起来,从而产生新的复合功能,是从功能角度展开设计的方法,在其他设计领域应用也很广泛,如将表与项链结合起来成为项链表,将轮子与鞋子结合起来成为轮滑鞋。功能上的结合要合理自然,切忌

图5-9　意大利服装设计师罗伯特·卡布奇(Roberto Capucci)的灵感来源及其作品

异想天开生拉硬扯,事实上,功能或造型相差太远的东西是无法结合在一起的。

服装设计中的结合既可以是全部与全部的结合,也可以是全部与部分的结合,还可以是部分与部分的结合。如果将两种不同功能的零部件结合起来,形成的新造型就会兼具两种功能,如将口袋与腰带结合成为别致的腰包。如果将服装的整体结合起来就会变成新的款式,如裙子与裤子的结合成为裙裤,上装与下装结合形成连衣裙或连衣裤,长统袜与靴子结合形成软筒长靴。还有里外结合的实例,比如里外都能穿的两面绒大衣、两面穿风衣等。也有层次结合物,比如两层叠加的双层裙、脱卸式夹克等(图5-10)。

结合法还可以运用在材料的结合上,在一套服装甚至单件服装上进行多种面料的结合。比如,衣袖用法兰绒,大身却用马裤呢;有时为了活动的方便,大衣的大身部分做成有夹里的,袖子却做成单层的;还有用绒线编织材料制作大身,用梭织材料做成袖子的实例。此外,还有将上述多种结合方法混为一体多重结合,形成更加复杂多样的服装新款式。结合法在实用服装设计中会给服装增加一些新的功能(图5-11)。

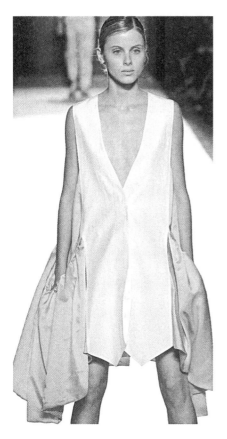

图 5 - 10　口 袋 与 裙 子 结 合 构 成 摆 部
（Yiorgos Eleftheriades）

图 5 - 11　衣 服 长 了 翅 膀，口 袋 变 成 袖 筒，裤 脚 连 成 一 片
（Rick Owens）

六、限定法

限定法是指在事物的某些要素被限定的情况下进行设计的方法。严格地说，任何设计都有不同程度的限定，如成衣价格的限定，用途功能的限定，规格尺寸的限定等。在设计方法里所说的限定是指设计要素的限定。

从服装设计构成要素的角度看，限定条件主要针对六个方面：造型限定、色彩限定、面料限定、辅料限定、结构限定、工艺限定。在设计时有时只有单项限定，有时会要求对上面六个方面进行多项限定，设计的自由程度受限定内容的影响，限定内容越多，设计越不自由，但也越能检验服装设计师的设计能力。

在品牌服装的设计中，在一定的限定条件下进行设计是服装设计师随时可能面对的情况。例如，几乎所有服装公司都会面临库存面料的消化问题，这些库存面料是过季的、不够流行的，价格可能很昂贵。服装设计师需要巧妙地进行设计，将这些面料变成当季可以上市销售的服装，既减少了库存，又创造了效益。

再如，好的设计因受到工厂加工能力的限制而无法实现设计工艺效果，或者因加工费用高昂不允许设计师采用某些复杂的工艺,这些限制就要求设计师只能在现有的工艺范围内进行设计。

对于一些全球销售的服装,还必须考虑到有些地区和民族对某些色彩的禁忌,服装设计师要认真研究这些色彩限定条件,调整设计以应对具体需求。

七、整体法

整体法是由整体展开逐步推进到局部的设计方法。在服装设计中,先根据风格确定服装的整体轮廓,包括服装的款式、色彩、面料等,然后在此基础上确定服装的内部结构,要使内部结构与整体相互关联,相互协调。这种方法比较容易从整体上控制设计效果,使得设计具有整体感强、局部特点鲜明的效果。

在每年发布的流行信息中,服装的整体造型是一个重要的部分。服装的外轮廓是构成服装整体的主要内容,而服装的外轮廓具有强烈的流行性。从整体入手进行设计可以很好地把握住服装的流行度。此外,在服装设计中,服装设计师有时会由于某种灵感的启发在构思过程中首先形成整体造型的轮廓,这时就需要在领子、袖子、口袋等局部造型的设计中考虑与整体造型的协调,避免出现与整体造型相矛盾的局部造型。要注意由造型产生统一的形态感,避免造成风格上的混乱。如一件肩部和领部造型圆润的贴体收腰女装,其外轮廓以流畅的曲线为主,具有优雅、柔美的女性特征,那么在其内部结构的设计上要注意风格的一致性,在口袋、门襟、分割线、省道等细节设计上要配合这种风格特征,不宜采用强直刚硬的线条与造型。

八、局部法

局部法与整体法是相对应的。局部法就是从局部入手进行设计继而扩展到全局的设计方法。这种方法从细节入手。设计师的灵感来源是丰富多彩的,灵感突发的瞬间其表现形式也是多种多样的。有时,生活中的一个细微之处即会点燃设计之火,这个细微之处就是一个细节,服装设计师抓住了这个细节,把这种感觉扩大至整体,由此得到一个完整的设计。

例如,涂鸦是一种社会底层的艺术形式,善于观察生活的设计师为这种极具张力的艺术形式所感动,把它转化成纹样,然后用在服装、包袋的设计上,一经推出便立刻受到名媛淑女们的追捧,迅速成为街头巷尾的时尚之选。

每一季从全球几大时装中心透射出的流行信息中,细节是一个重要的组成部分,如蝴蝶结、羊腿袖、刺绣腰带等传递的都是关于细节的流行,世界各地的服装设计师们会仔细研究这些细节,把它们运用在自己的设计中,从而使设计具有很强的流行性。从局部推衍至整体的设计方法难度较大,需要服装设计师有较强的整体把握能力,否则在推衍的过程中很有可能失去方向,得出不完整不协调的设计,甚至有可能丧失最初的感觉导致设计夭折。

九、极限法

极限法是把事物的状态和特性放大或缩小,在趋向极端位置的过程中截取其利用的可能性的设计方法。它通常是以原有造型为基础,比如服装上的领、袖、袋或衣身等任何一个设计元素,在此基础上对其进行放大或缩小,追求极限,以此确定最理想的造型。极限法的形式多样,如重叠、组合、变换、接线的移动和分解等,可以从位置高低、长短、粗细、轻重、厚薄、软硬等多方面进行造型极限的拓展。如一个小小的领子,极度放大则变成很大的披肩领甚至可以长及曳地,极度缩小可变成窄细的一条;普通的西装袖可夸大到变成古代深衣的大袖,可缩小成只在肩头作为装饰的小袖子。任何设计元素的夸大或缩小都由设计师根据设计要求自主把握。极限法在进行具有超前意识与前卫风格、创意感很强的服装设计时常被用到(图5-12、图5-13)。

图5-12　袖窿与领子大到了极限,由此产生新造型　　　　图5-13　小到极致的马甲背心显得腿部更加修长
(Salvatore Ferragamo)　　　　　　　　　　　　　　　　(Miriam Ocariz)

　　极限法并不改变原来造型中服装零部件的数量,只是对其长短、宽窄、厚薄、高低、软硬等因素的改变(图5-14、图5-15)。对原来造型进行极限式的思考,可以轻而易举地得到不曾想到过的新造型。对这些从理论上来说是无穷多的新造型如何取舍,还要设计师根据服装的最终取向认真把握,这也从一个侧面反映出设计师对服装的理解程度。这种极限的思维方式同样适用于对面料和色彩的处理,以原型面料为基础,进行极粗极细、极光极糙、极软极硬、极透极严、极厚极薄的极限变化,然后做出审慎的选择。如美国著名歌星迈克尔·杰克逊的一件羊皮夹克衫演出服,这件服装在对皮质的柔软处理上做到了面料几乎透明的程度,而牢度则已下降到了接近卫生纸的状态。

图 5-14   为了使达到极度宽大的袖子不显得臃肿,袖子采用透明纱质面料,既保证了造型效果,又显得轻盈纯净,且与窄小的衣身形成对比

图 5-15   具有英伦风情的严谨传统的蓝灰条西服因加长的裤子而显得怪诞不已,条纹的修长感被强调得无以复加(Vivienne Westwood)

十、加减法

加减法是指增加或删减现有设计中必要或不必要的部分,使其复杂化或单纯化。加减法主要用于内部结构的调整,从形式上看,某些设计的确是在做加减工作,但加减是有一定依据的,在服装领域,加减的依据是流行时尚,在追求繁华的年代做的是增加设计,在崇尚简洁的年代做的是删减设计。加减的部位、内容和程度根据设计者对时尚的理解和各自的偏爱而定。

加减法是对已有的设计做局部调整,增加或删减的部分往往是服装的零部件或无关紧要的装饰。服装设计师在进行工作时,不必患得患失地在一开始就考虑它的最终造型,可以比较随心所欲地把注意力集中到如何创造新款式上,否则会因为考虑过多而难以抉择。初稿设计完成后,可以审查一下自己的设计是否与原来的想法相符,如果尚未达到理想效果,不妨用加减法对其零部件或细节处理进行必要的调整,从而完善整个设计。

一般来说,加减法是对零部件的数量进行加减,并不对服装整体造型进行缩放,那是属于极限法范围内解决的问题。从一件极其复杂的上装开始做减法,去掉了纽扣、口袋、襻带等所有零部件以后,会逐渐变成一件类似无领衫的服装。关键是如何在增加或删减的过程中恰到好处地停留下来,否则,势必会走到简与繁的极端,这是对加减法理解的片面化。

初学设计者,由于经验不够丰富,或是对设计效果没有足够的评判能力,害怕自己的设计太简单、"没有设计",往往会不由自主地做加法,作出结构复杂、装饰繁多以至让人眼花缭乱、甚至感觉杂乱无章的设计。还有的时候,服装设计师处于创作激情当中,洋洋洒洒挥就的设计可能包含了过多的元素。在这种情形下,对设计做冷处理不失为明智之举。将设计作品搁置一下,然后用冷静的思维和眼光重新审视作品,再进行一些调整,会达到更好的效果。

第三节　服装设计的其他方法

在许多设计师眼里,服装设计是一项激情勃发的工作,这个过程也因充满了挑战和未知而令人向往。人的思维是无穷尽的,在设计中,除了上述的主要设计方法外,服装设计师们还会采用一些比较特殊的方法来进行设计,如趣味法、转移法、借用法、派生法等。

一、趣味法

趣味法是把人们感到有趣的形象、造型或色彩运用在设计中,使服装观之有趣、耐人寻味的设计方法。在现实生活中,存在着很多让人觉得非常有趣的事物,这些事物往往具有与众不同的趣味性,这种趣味性在服装上表现为一些耐人寻味的设计点,整个设计也会变得妙趣横生、意趣盎然。

趣味法的一个设计来源是对生活中的一些具体形态进行描摹,比如蘑菇形的裙子、灯笼形的裤子、猫头形状的大挎包,瓢虫造型的鞋子等。另一种来源是把现有形态进行变形以达到趣味化的审美效果,如压扁了的帽子,鞋跟里装进了埃菲尔铁塔的高跟水晶鞋等。还可以仅仅是对色彩的运用而得到趣味感的设计效果,如以鲜亮的色彩进行配置使其具有活泼可爱的特点,或者通过印染、刺绣等工艺把趣味性的图案运用在服装上(图5-16、图5-17)。

图5-16　把帽子巧妙地设计成竖琴和调色板的造型,别有韵味(Dior)

图5-17　超大的帽子,贴身的服装,旋转的线条,构成一曲美妙的旋律(Issey Miyake)

　　趣味法的设计具有纯真、可爱、甜美、梦幻等效果,会使人感受到生活的美好,因其暗合了人们对童话世界与完美世界的向往而受到欢迎,不仅在童装设计中得到大量使用,在成人服装的设计中也有很多应用(图5-18、图5-19)。

图5-18　将模特置于花束中,宛如一朵灿烂美丽的花(Moschino)

图5-19　镂空部分裸露的皮肤构成图案人物的脸部皮肤,显得饶有意味(Miss Sixty)

二、转移法

　　转移法是根据用途将原有事物转化到其他范围使用,以寻找新的解决问题的可能性,研究其在别的领域是否可行,可否使用代用品等的设计方法。有些问题在自身所处的领域难以得到很好的解决,但是将这些问题转移到其他领域后,由于事物的性质发生了变化,容易引起思维的突破性变化,从而产生新的结果,原来的问题由此迎刃而解。

　　转移法在服装设计中的运用主要是通过将不同风格的服装进行组合,从而产生新的服装外观。从微观角度看,转移法用在单件服装的设计上可以产生一些新的结构与部件。从宏观角度看,转移法用在服装的类别上,可以进行新品种的开发,创造新的服装风格。如将西装转移到休闲装领域,就变成了休闲西装;将运动服转移到家居服领域,就会产生运动风格的家居服;将内衣转移到外衣的领域,就出现了吊带背心、吊带裙的服装形式(图5-20、图5-21)。

图 5-20　将东方传统服饰造型转移到现代女装上
（Susanne Wiebe）

图 5-21　将牛仔背带裤的腰部转移到胸部,整体结构
都上移,形成吊带背心（Zucca）

　　转移法是对两种事物的转换与融合,这两种事物之间存在一个主次的问题。两种相互转换的事物之间看谁的分量重则主要属性就倾向于谁,分量轻的一方则处于从属地位。在单件服装的设计上,转移法与结合法有相似之处,都是选取两个不同的事物来设计,但也有区别。结合法注重两个事物的形式与形态的组合,结合后,两者的原始形态都有所变化,会出现兼具两者特色的新造型,而转移法则是把原有事物转移到新的位置,事物的原始形态基本保持不变。

三、借用法

　　借用法是通过对已有造型进行有选择的吸收融合和巧挪妙借形成新的设计的方法。借用体可以是服装本身,也可以是其他造型物体中具体的形、色、质及其组合形式。采用借用法进行设计极易引出别出心裁、富有创意的设计。借用包括直接借用和间接借用两种形式。

　　直接借用:客观存在的各种各样、大大小小的造型样式均有其可取之处,将这些可取之处直接借用到新的设计中,可能会轻而易举地取得巧妙生动的设计效果。在服装设计中,设计精巧的服装本身、包袋、鞋帽、装饰品以及设计中某种局部造型的色彩、造型、材质或者某种工艺手法与装饰手法等都可以直接借用到新的设计中去。直接借用要灵活,切忌生搬硬套,借用体与新设计的风格要相互协调,避免给人视觉上和感觉上的混乱感（图 5-22、图 5-23）。例如,可将中式上装的盘扣借用到裤脚或袖口上;也可将袖口的克夫设计直接借用到裤子的脚口上。

图5-22　15世纪的德国骑士穿用的服饰,左边骑士头戴的锁子甲成为现代服装设计师借用的对象

图5-23　直接借用中世纪骑士的造型表现女性的英雄形象(Geoffrey B.Small)

间接借用:不同类别的设计造型有时是很难直接借用的,这时需要在借用时有所取舍,或借其造型改变其色彩材质,或借其材质而改变其造型,或借其工艺手法而改变其色彩、造型、材质等。在服装设计中,由于服装直接与人体相结合,所以在考虑服装设计时要考虑到人体的适用性。间接借用并不单纯是对借用体表面形式的搬借,而是加入服装设计师的情感与想象,对已有的各种物体或设计进行有选择、有变化的重组。例如,将和平鸽造型借用到女装的肩部及装饰设计中(图5-24、图5-25),借用海底生物弯曲起伏、连绵不断的造型,设计出具有浪漫气质的女士小礼服(图5-26、图5-27)。

四、派生法

派生的本意是在造词法中通过改变词根或添加不同的词缀以增加词汇量的构词方法。派生法的特点是要有可供参考进行变化的原型,派生法运用在服装设计上是指在某个参考原型的基础上进行廓形、细节等元素的渐次演变,如把廓形变大变小,把装饰线、分割线变宽变窄,改变局部造型等。根据派生的方向和派生的程度可分为三种形式:廓形与细节同时变化;廓形不变,变化细节;细节不变,变化外形。

派生法既可用于单款服装的设计,也可用于系列服装的设计。服装廓形的派生多用于系列服装的设计中,细节的派生则多用于系列服装与单款服装的设计中。对于廓形的派生,例如将球形的廓形由正圆到椭圆渐次变化地设计在一个系列的童装款式上。对于细节的派生,例如在单款的夹克衫设计上,将风箱式的立体袋由小到大地设计在衣身上或袖子上。派生法表

图 5-24　和平鸽原型

图 5-25　和平鸽造型在服装上的应用（Yves Saint Laurent）

图 5-27　海底生物造型在服装中的应用（Christos Costarellos）

图 5-26　海底生物原型

现的是从一个原始形态到最终形态逐渐演变的过程,因此在视觉上有顺延和推移的效果。无论是廓形还是细节,渐次变化的形态之间形成节奏感,极具审美意味(图 5-28、图 5-29、图 5-30)。

图 5-28　结构派生——衣片结构的派生构成整件服装的内造型与外造型

图 5-29　单件派生——用类似水滴状的亮片等进行拼接叠搭,好似海中的浪花(Mary Katrantzou)

图 5-30　系列派生——以花朵为来源的系列设计,以花朵为原型进行了多种变形组合,以多材质多工艺手段表现,效果丰富却依旧可看出关联性(Yanina Couture)

第六章　服装设计表现

第一节　服装设计表现的定义

一个好的构思必须用极具说服力的设计表现,将设计方案中最有价值的部分真实而又客观地表现出来,以便设计师和客户对设计方案进行研讨和决策。因此,设计表现是整个方案设计过程中的重要环节,是一名服装设计师应该熟练掌握的一项基本专业技能。

设计表现不但可以用来对设计对象的功能、实用性以及空间形象进行探索,而且还可以使设计师从设计美学的高度去思考和创造更加完美的设计形象。通过设计表现,可以从多个视角来研究现实课题,并利用最佳方式展示设计内容的独特风貌,寻求设计内容与外在相关人与物的最佳协调关系。

一、服装设计表现的概念

所谓设计表现,是设计师运用各种媒体、材料、技巧和手段,以生动、直观的方式阐述设计思想、表现设计意图、传达设计信息的重要工作,同时也是传达设计师的情感以及体现整个设计构思的一种设计语言。

服装设计表现就是服装设计师为了向他人清晰地传递自己的设计想法,选择一定的表现工具与材料,通过一定的技法对自己的设计想法和构思进行表达。

说到服装设计的表现,不少人会认为是服装画的绘制。事实上,服装设计表现并不完全等同于服装画。虽然服装画是最为常用也是非常重要的一种设计表现形式,但除此之外,直接以面料或是替代材料在人台或实际人体上进行款式造型表现也是服装设计师们喜爱的表现手段。因此,凡是可以表达和传递服装设计师的设计想法的形式都可以称之为服装设计表现。

准确的服装设计表现能够让其他人快速领会服装设计师的意图,可以提高工作效率。而含糊不清、不明确的设计表现则有可能使整个团队的工作走弯路,在商业社会中,这样的弯路可能会给企业带来损失。因此,作为服装设计师,具备良好的设计表现能力是一项基本专业素质。

二、服装设计表现的内容

服装设计需要清晰地向其他人传递设计师的所思所想,因此服装设计表现应该包括将设计从意念转化为现实的过程中需要的所有细节。总体而言,服装设计表现应该包含服装的款式、色彩、材质等内容。具体来说,设计表现的目的和方式不同,所包含的内容也会不同。

为了追求艺术效果的服装设计表现,所包含的内容相对较少。如为杂志所配的服装插画,是为了增强杂志的观赏性和页面的可读性而出现的,观赏者将其作为绘画艺术来欣赏,基本上画面中出现的服装是不需要进行实物制作的。在进行这种设计表现时,服装设计师追求的是画面的艺术效果,强调的是一种情绪和感受的渲染,是人与服装的共同表现,服装本身反倒退而居其次。因此,设计表现的内容包括了服装的大体造型、色彩和所用材质,分割线、口袋造型、纽扣数量等细节则是根据画面需要进行取舍的,有时细节交代得比较清楚,有时则很概括,有时省略较多,只有一个大致的服装轮廓,甚至有时连服装轮廓都不完整,画面上只出现服装的局部。此外,服装与人体的比例表现有时十分夸张,并不追求写实。在这种设计表现形式中,人物有时会成为表现的主角和重点,人物的发型、妆容、身体局部都可能需要仔细刻画(图6-1、图6-2)。

图6-1　强调艺术效果的服装设计表现——日本著名服装画家矢岛功为内衣品牌华歌尔创作的服装宣传画

图6-2　强调艺术效果的服装设计表现——著名服装画家芮内·格鲁奥(René Gruau)的作品《围着披肩的女人》(Femme au boa,1983年)

为了参加设计大赛而进行的设计表现,画面需要强烈的艺术表现力,以便能够在众多的参赛稿件中显得与众不同,能够有机会脱颖而出,因此设计者需要把设计款式尽可能地交代清楚,让评委能够领会设计者的设计意图。在进行这种设计表现时,服装设计师需要兼顾画面的唯美和款式细节的刻画,其表现内容包括整体造型、色彩、面料质感、款式细节、配件配饰以及设计的灵感来源、设计说明等,一些特殊效果或局部的详细说明、面料及主要辅料、配件配饰的材质小样等。在一些以实用装为主旨的设计大赛中,还需要标注服装的基本规格,如衣长、袖长、胸围等基本尺寸。此时的设计表现在注重画面艺术效果的同时,也讲究人物与服装的真实性,服装设计师在夸张与写实之间求得一种适当的平衡。人和服装在这种设计表现中所占的比重基本相当,既需要人物的体态与姿势来强化视觉审美效果、表现服装的美感,也需要让人能读懂服装的具体信息(图6-3)。

条纹纱质透明面料

衣片进行定位印花

弹力光泽面料

柔软皮质凉鞋

图6-3　以参赛为目的的服装设计表现,左上角为
参赛成衣

图6-4　服装企业内部使用的服装效果图,画面简洁明了,款式
交代清晰

　　为了进行工业化生产而进行的设计表现适用于在公司内部进行的实际操作,这种设计表现
不需要过分追求画面的艺术效果,只需要快速、准确、清晰地表达设计意图(图6-4)。此时的设
计表现内容包括服装的准确比例、外轮廓的造型、每一条分割线与省道的位置及长短、口袋、领
子、门襟、袖口等所有设计细节,事无巨细都要一一表现,服装的正反面均需仔细刻画(图6-5、
图6-6)。服装的内里设计比较特别时还需对其内部设计细节进行详细表现。与此同时,对于
服装的色彩与面料反倒不需在画面上表现,而是以贴面料小样或标面料编号以及贴色卡或标色
号的方式进行说明。在进行这种形式的设计表现时,要标注款式的号型及具体的规格尺寸,对
一些需要注意的内容还需要详细的文字说明或者配以细节图示,如服装内部的特殊工艺手法、
结构上的特别处理等(图6-7)。配饰与配件的材料小样也需要粘贴实物进行说明,如珠片、花
边、纽扣、拉链头等。有夹里或填充料的服装需要把夹里材料和填充材料的小样贴在设计稿上,
夹里的处理方式也需要说明。如冬季棉服的设计上有绗缝工艺,需把绗缝的针迹效果画出来。
总之,凡是需要其他人员配合完成的部分都需要详尽地绘制表现,以避免出现因信息传递不完
全而造成的误解误读。

图 6-5　服装企业使用的服装效果图　　　　图 6-6　服装平面款式图（正反面）

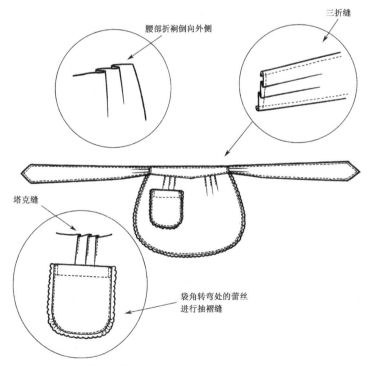

腰部折裥倒向外侧

三折缝

塔克缝

袋角转弯处的蕾丝
进行抽褶缝

图 6-7　服饰配件及细节图

三、服装设计表现的作用

服装设计表现的目的在于采用最佳的表现方式,完全传达和展示出服装设计师的设计思想和设计概念。客观上,服装设计表现是起到一个信息传递的作用。对于服装设计师本人而言,其内心很清楚自己想的是什么,想要的是什么效果。当这种内心的想法不需要借助他人就可以实现时,无需进行设计表达。

一些女性喜爱缝纫,按照自己的想法为自己和家人缝制一些自己所设想的服装服饰,这些设想就是设计。即使具有绘画能力,她们也不需要把这些想法画出来给人看。她们会直接根据自己的想法去购买材料,然后裁剪、缝制服装,直至最终完成。当需要其他人理解自己的设计,也就是自己的设计需要其他人的配合才能得以实现时,就需要将设计想法表现出来。因此,服装设计表现的作用可以概括为几个方面。

首先,把服装设计师的构想具体、形象地表现出来。在现代化服装企业中,服装设计师与其他工作人员紧密配合,协同工作。设计师的设计意图从成形初期到最后进入到消费者手中是一个连续的过程,这个过程由服装企业团队中的许多人共同完成。在此期间,任何一个环节的偏差都可能导致失败。因此,从面辅料的选择、结构的设计绘制、工艺的制作、配件的完成,到成品展示、销售的整个过程都需要依靠具体的服装设计表现形式提供工作依据。

其次,全球时装行业已形成一个庞大而完整的产业链。巴黎、伦敦、纽约、东京、米兰等时装中心每一季都在向全球发布流行信息。在这些服装流行信息的传播内容中,服装设计师手稿是一种非常专业的具有很高行业借鉴与参考价值的服装设计表现形式(图6-8)。

再者,服装设计的平面表现形式是绘画艺术的一个组成部分,能够满足人们的审美要求,作为绘画艺术的一个支流,起着丰富艺术审美形式、反映时代人物风貌和社会风俗的作用。

图6-8　服装设计师手稿与成衣相结合的流行信息资讯

最后,服装设计表现形式是服装设计师在生活中收集素材、记录灵感瞬间、进行设计积累的一种最简便的手段。有时服装设计师的想法转瞬即逝,以设计表现的形式进行记录可以为今后的设计做好准备。

第二节　服装设计表现的主要形式

从设计表现的物质存在方式看,服装设计师们常用的设计表现方式可分为现实表现和虚拟表现两大类,不同的表现方式各有优劣。在实际运用中,具体采用哪种方式根据服装设计师的习惯和设计内容决定。

一、现实表现

现实表现是指借助于现实中存在的物质材料进行服装设计意图表现的形式,表现的结果看得见、摸得着。从空间构成角度看,可分为平面表现和立体表现两种方式。

(一) 平面表现

平面表现是服装设计师们最为广泛采用的设计表现方式,是一种把自己的设计想法画在纸面上的表现形式。传统的表现手段是采用绘画的形式,用各种绘画材料和工具进行表现,现代的计算机技术的发展又为服装设计师们提供了用软件进行绘画的手段。无论是手绘还是软件绘制,平面表达设计构思的方式都具有快速、简便、一目了然、便于在工作伙伴间传递信息的优点。

对于服装设计构思的平面表现方式,根据用途的不同,可以分为三类:服装效果图、服装款式图、服装工艺图。

1. 服装效果图

服装效果图的绘画是服装设计不可缺少的环节,服装设计师需要将最初的设计灵感通过服装效果图表现出来并传达给他人或厂商,所以服装效果图的表现能力将直接影响到服装设计的效果及商机的成败。服装效果图的绘画过程也是服装设计的创作过程,服装设计师们在进行服装效果图的绘画时也会创造出新款式。

服装效果图也称服装画或时装画。从宣传广告或时装画报的角度出发,可称为服装插图或时装插图;从设计的角度出发,可称为服装效果图、服装人体画或服装样式画;从美化生活、绘画欣赏的角度出发,有的服装效果图更重视艺术效果,被称为服装艺术画。从名称上看,它们各有侧重和差别,但有一点是共同的,这种画必须能准确地体现各种款式在人体上穿着后的效果。服装效果图是服装款式设计构想的记录和表现,应表现出服装的式样,裁剪缝制的主要结构,服装面料的品种、质地和图案的特色以及色彩的搭配效果,也要表现出服装款式的风格、穿着者的个性与穿着时的环境气氛。

2. 服装款式图

在某些表现形式上,服装效果图等同于服装款式图,因为服装款式是服装效果图的重要表现内容之一。但服装款式图不等于服装效果图,因为服装效果图包含了服装的造型、色彩、面料材质以及装饰、配件等内容,而服装款式图则简单得多,以表现服装造型和款式为主要内容。

服装款式图也称服装平面结构图,即表现服装款式结构细节的平面图,分为正面款式图和背面款式图。服装款式图不需要画出人体,只要画出服装的平面效果即可。另外,当前服装企业中的设计图稿多以 A4 大小的纸为常用尺寸,这样的纸面大小对于一些较复杂的款式细节表现有困难,由于画面的限制,有些款式中的细节不能被清晰地表达出来,如多重缉线装饰,铆钉、细小的商标、细致的绣花图案等,这时就需要画出局部放大图,又称细节示意图。

如果说服装效果图是为了让其他人明白服装设计师的设计作品在人体上的着装及整体搭

配效果,服装款式图就是为了让其他人明白这件衣服或者这套衣服是由哪些细节与结构构成的。在实际操作中,打版师和样衣工更注重的是服装款式图而不是服装效果图,因为这直接关系到他们的工作方向和细节。

3. 服装工艺图

在服装工艺实现这个环节上,工艺图是非常重要而不可缺少的。

服装工艺图就是对服装的制作工艺进行描绘的图稿。服装工艺图与服装效果图、服装款式图有较大的不同。服装工艺图对服装的制作工艺进行详细解释说明,主要用于工艺制作环节,在其他环节上基本不会用到。它比服装效果图与服装款式图的专门性和针对性更强。从审美角度来看,服装工艺图的艺术性不强,更类似于工程制图。

服装工艺图根据服装制作部位的不同分为很多种,如领子工艺图、口袋工艺图、裤子工艺图、腰头工艺图等,用以说明不同部件的工艺制作方法。还可以根据工艺制作的流程分为裁剪工艺图、粘合工艺图、缝纫工艺图、熨烫工艺图等,分别用以说明不同的工艺流程中的制作方法(图6-9、图6-10、图6-11)。

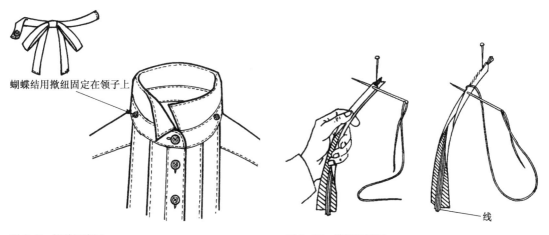

图6-9　细节示意图　　　　　　　　　　　　图6-10　缝纫工艺图

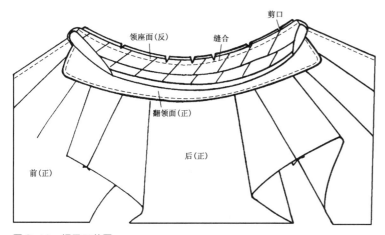

图6-11　领子工艺图

服装工艺图的作用在于形象而直观地对服装的制作工艺进行说明。如果采用文字说明,由于受教育程度的不同,加之以往制作经验的影响,不同的人对同样的文字会产生不同的理解,这就可能导致制作方法的变动甚至错误。服装工艺图一方面可以明确清晰地说明需要的制作步骤及方法,另一方面可以为制作工艺提供一个标准,以保证在协作化的服装生产加工中达到统一的制作效果。

(二) 立体表现

立体表现是服装设计师们时常会采用的设计表现形式。有时服装设计师的想法难以在纸面上以绘画的形式淋漓尽致地表现出来;有时服装设计师的灵感来自一块独特的面料,需要在对面料的实际操作中继续寻找感觉;有时服装设计师囿于绘画能力的不足,需要借助于实际的制作材料直接进行造型表现。这些时候,立体表现就成为服装设计师极佳的设计表现途径。立体表现与平面表现两种设计表现形式共同为服装设计师提供表达设计构想展现设计才华的便利与手段。

1. 立体表现的概念

立体表现,顾名思义就是在模特或者人台身上直接用材料表现服装设计师的造型意图。立体表现方式最初为西方服装设计师们经常采用,随着中西服装设计的交流、文化的融合、技术手段的共享,东方的服装设计师们也越来越多地开始采用立体表现方式。

2. 立体表现的种类

立体表现根据所选用的材料可分为两类。一类是用坯布进行造型和细节表现,即立体裁剪。这种表现方式主要以突出设计的整体及局部造型表现为主。还有一类是用非常规材料进行表现,适合于表现服装设计师在服装的造型、材料质感上的一些很特殊的设计想法,如用报纸、纤维、铁丝、羽毛、甚至木片、竹篾、金属片等材料在人台上进行立体造型设计(图6-12)。

3. 立体表现的要求

立体表现的种类不同,其要求也不一样。对于立体裁剪的表现手法,要求真实体现设计师的想法,达到造型准确、服装合身、结构合理、表现手法细致到位的效果。立体裁剪要注意面料的使用方向,在表现时要考虑到工艺制作的可行性与难易程度,在实现造型效果的同时还要注重结构的合理性。在平面表现中,服装结构是可以放在后期的结构设计中由服装打版师与服装设计师共同调整的。在立体表现中,进行造型与细节的表现时,服装的结构设计必须同步完成。对于用特殊材料进行的立体表现,服装设计师的

图6-12 以特殊材料进行设计的立体表现——泡泡装(Hussein Chalayan)

表现重点在于对所选用的材料的表面效果、质感等的展现。因此,在达到上述与进行立体裁剪的表现时同样要求的基础上,还需要额外考虑所采用的材料对人体皮肤的刺激性、与人体曲线起伏的适应度以及穿着的可实现性,不可出现只能堆砌在人台上,而实际无法穿着的服装。

4. 立体表现的作用

立体表现能够很好地表现出立体感或贴身感,具有准确、直观、生动的特点。对于一些复杂的、从不同角度看会呈现多角度造型变化的设计,平面表现方式难以表达完全,立体表现就可实现这类复杂设计的表现效果。有时,服装设计师会对一块面料发生兴趣,在人台上摆弄面料的过程中,一些新奇的造型出现了,由此带给设计师灵感,从而创造出新的设计。对于特殊材料,采用立体表现的方法可以直接检验设计的可行性(图6-13、图6-14)。著名的服装设计大师们在进行高级时装设计时常常采用立体表现的方式。

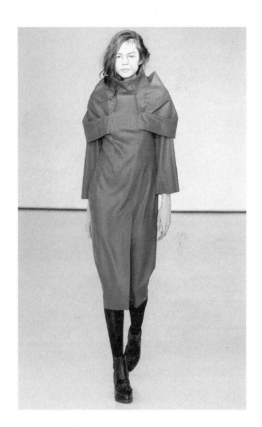

图6-13　服装设计的立体表现(Atsuro Tayama)　　图6-14　服装设计的立体表现(Alexis Mabille)

是否采用立体表现方式主要根据服装设计师的个人习惯和款式的需要来决定。立体表现尤其是立体裁剪需要用坯布进行初步造型,然后将其展开,得到平面结构图后再进行加工缝制,耗时耗力,花费的时间和材料都较多。对于普通款式和常规款式采用这种方法代价相对较高,在高级定制服装设计中立体表现的手法应用比较普遍。

二、虚拟表现

虚拟是一个抽象概念，与真实相对应。虚拟有几重含义：不符合或不一定符合事实的情况是虚拟的；仅凭想象编造的事情是虚拟的；由高科技实现的模仿实物的技术是虚拟的。此处所指的虚拟表现就是指依靠高科技所带来的虚拟技术进行的设计表现。

随着电脑技术、网络技术和通信技术的飞速发展，虚拟技术的发展使得服装虚拟技术应运而生，不断进步。随着图形学的飞速发展，服装虚拟仿真技术成为虚拟现实领域的研究热点。

(一) 虚拟表现的概念

服装设计的虚拟表现是近几年虚拟现实和计算机图形学领域的研究热点之一，目前主要是指三维服装仿真技术。服装设计的虚拟表现是通过虚拟设备实现三维人体着装的动静态模拟，这种表现形式可以在计算机屏幕前直接观看服装的各个方向和角度的穿着效果，并通过实时交互技术对服装的款式或尺码进行选择和修改（图6-15）。

图6-15　影视制作是服装设计虚拟表现的一个重要应用领域。电影《冰雪奇缘》利用三维服装仿真技术创造出的服装效果完美逼真

在服装设计的虚拟表现中，服装造型设计的VR环境可提供设计所需的资源条件，有助于最终直观地获得设计款式的效果，还可与智能系统相关联以生成款式纸样。服装设计的虚拟表现可模拟顾客穿着服装时的动态效果，有助于顾客选购服装，可在VR环境中模拟服装穿着效果，还可进行虚拟服装表演。

(二) 虚拟表现的种类

服装设计的虚拟表现在服装行业中的运用越来越广，从服装的3D到2D展平样版生成技术、交互式设计系统到效果图的3D动态虚拟等均有（图6-16），还包括虚拟人体建模、角色动画、布料物理模拟等。

现实表现中的形式都可以用虚拟表现的形式实现，如服装效果图、服装款式图和服装工艺图。在实际设计中，较多使用的是服装设计效果的虚拟和服装部件的虚拟，其中服装设计效果的虚拟包括服装本身的三维效果虚拟与人体着装后的效果虚拟（图6-17）。

图 6-16　北欧青年服饰零售商 JC 的全部在线商品目录通过 Looklet 的虚拟模特技术完成，制作目录速度快，有效减少时装摄影产生的成本和麻烦。Looklet 就像一个有着无数漂亮衣服的试衣间，用户可随意搭配，还可把自己的搭配保存起来并通过网络在线分享

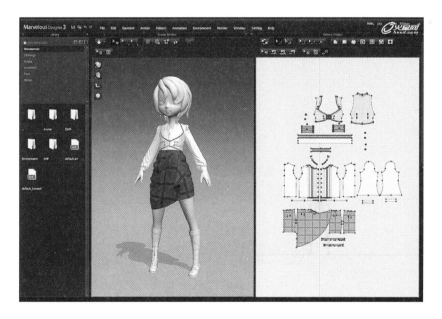

图 6-17　Marvelous Designer 服装设计软件具有直观的图案设计功能，可创建设计师想要的风格，支持折线、绘制自由曲线和三维立体裁剪同步互动设计，任何形式的修改会立即反映在 3D 实时立体裁剪服装设计界面中

(三) 虚拟表现的要求

真实感是虚拟表现的最基本要求。服装虚拟表现要求效果逼真,生成的画面具有真实感,能够从各个角度模拟真实服装的色彩、造型、面料质感以及穿着后的效果。

作为对传统服装设计表现形式的突破与发展,虚拟设计应具备以下功能,这既是对虚拟服装设计技术的要求,也是今后发展的方向。

(1) 能够实现款式设计向结构设计的自动转化。使服装设计的虚拟表现与服装结构设计的实现联动起来,即服装效果图能够自动转化为平面纸样或立体服装结构。

(2) 能够实现服装设计的3D交互设计。有助于服装设计师较为直观地了解服装面料的悬垂性与质地,以及更加方便修改服装的长短宽窄、结构线等外观形状。

(3) 能够实现量身定做。服装设计的虚拟表现要能够使服装设计师和客户直接在虚拟设备上看到顾客着装后的效果并进行实时修改,为量身定做提供直接的视觉依据。

(四) 虚拟表现的作用

目前,已得到实际应用的虚拟表现主要分为真人的虚拟服装应用与虚拟人物的虚拟服装应用两大类。

真人的虚拟服装应用是指服装是由计算机虚拟出来的,着装者是现实生活中真实的人。此时的虚拟表现作用在于实现虚拟服装与真人的最佳匹配,最终还将转化为真人所穿的真实服装。

虚拟人物的虚拟服装应用是指服装是由计算机虚拟出来的,着装者是由真人控制的虚拟人物。此时的虚拟表现作用与真人着装相比减少了匹配性的要求,如服装号型是否合适等。网络中的虚拟人物造型与现实真人存在差异,有时甚至相去甚远。这样的虚拟人物形象与虚拟服装的设计尺度变得很宽泛。这两类虚拟表现的作用如下:

1. 网络试衣中的服装虚拟表现

网络试衣即3D试衣(三维试衣),与网上虚拟服装店相辅相成,为大众提供一种崭新的服装选择平台。三维试衣的服装设计虚拟表现不仅能让用户体验服装试穿的乐趣,还能成为个人形象设计的平台(图6-18)。

2. 网络游戏中的服装虚拟表现

网络游戏是通过互联网连接进行的多人游戏,所有参与游戏的人都会有一个在网络上的虚拟身份与虚拟人物造型。这个虚拟人物的着装就是网络游戏的虚拟服装。虚拟世界中的虚拟服装具有增强战斗力或增加技巧的功能,这些功能超出了现实服装所具有的审美与实用功能,是现实服装所不具备的,也是虚拟世界中最受欢迎的功能。

图6-18 "3D互动虚拟试衣间",用户站在屏幕前即可投影3D服装形象,对购物有更直观的感受,衣服合不合身一目了然

第三节　服装设计表现的流程

从设计构思到面辅料的选择、再到结构设计直至样衣制作，都属于服装设计的内容，它是艺术创作和工艺实践相结合的过程，这个过程按照相对固定的程序进行。

一、服装设计表现的基本流程

服装设计表现的基本流程与服装设计的流程相对应，设计过程是一个需要不断进行信息表达与传递的过程，所以设计表现伴随设计而行，如图6-19所示。

(一) 明确设计任务

服装设计是有目的性的。成衣设计的目的是用于销售，发布会服装设计是为了展示，指定服装设计是为了特定活动或事件，比赛服装设计则是为参加服装设计大赛等。服装设计的目的不同，设计的要求相差也很大。设计任务往往需要以纸面的形式确定下来，一方面可以作为后面工作的一项准则，不致发生设计方向的背离，另一方面有利于工作团队进行工作时方向一致、步调统一。

(二) 确定设计主题

服装设计主题要求符合普遍的社会审美意识、时尚风格和公众需求。现代服装设计的题材十分广泛，有以森林草原、大海沙漠、鸟兽鱼虫、花卉草木为背景的自然题材，有以宇宙探索、高科技电子和生物技术为内容的科技题材，有以绘画、雕塑、建筑、音乐为背景的艺术题材，还有以不同民族、不同风俗、不同服饰风格为背景的民族或异域风格题材，也有以传统、怀古为背景的怀旧浪漫题材，有时一项科技发明或一项考古发现也可成为服装设计的题材。挖掘创作题材，寻求创作源泉，启发设计灵感是服装设计师的基本专业素质。

设计主题是在选择题材的基础上取其集中

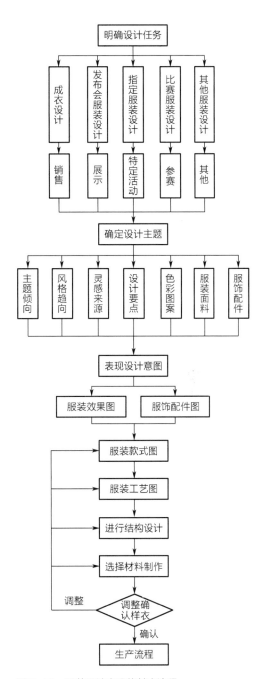

图6-19　服装设计表现的基本流程

表现特征而实现的。主题是服装系列设计的核心和灵魂,也是构成流行的主导因素。主题明确后,服装设计师需要围绕主题对服装的各方面进行构思。包括:

(1)主题倾向——即题材风格,如阿拉伯风格或热带雨林情调等。

(2)风格趋向——即主题倾向和时代、流行时尚的结合,如浪漫风格、田园风格等。

(3)灵感来源——选取主题的"形"或"神",考虑如何将其在服装上进行表达,如以图案的形式表达民族韵味、以造型表达设计的建筑感等。

(4)设计要点——确立服装的造型和工艺技法的运用,如上装与下装的搭配、局部造型、选择扎染或刺绣工艺等。

另外,对于服装面料、色彩、图案、服饰配件等方面都要进行全面细致的构思以达到突出主题的目的。这一环节需要以确定的版面进行表现。通常这些版面被称为灵感版、色彩版、面料版、细节版等,由精心选择的图片、色块、面料小样等内容构成。

(三) 表现设计意图

在此阶段需要进行服装设计效果图、服装款式图、服装工艺图、服饰配件图的绘制以及相关文字说明的标注,以便将前面的工作中所酝酿的想法转化为具体的服装款式。

(1)服装效果图——把服装与人体相结合,以服装设计师习惯的绘画方式进行表现。造型轮廓、面料质感、局部造型要显得生动自然,接近实际的穿着效果。在一些设计新意和要点上,可以强调人的动态或适当地夸张,根据设计任务以单款或是系列的形式进行表现。

(2)服装款式图——将服装款式进行展开,此时可以剥离服装的面料与色彩以及与人体的结合,着重表现服装设计的二维图形特征,绘画要清晰明了。衣服各部位的比例以及衣服的内、外结构线,如袖形、领形、缉线、口袋、拉链等都要表现。特别复杂的结构可用细节放大图进行说明。完成后在纸面上标明服装号型和主要尺寸,并贴上所选的面料小样。

(3)服装工艺图——不需画出所有的工艺,如车缝、拼合等基本步骤可以不用解释。对于一些较常用的工艺要进行简单的文字说明,对于一些特殊的工艺处理,或者是服装设计师新创造的工艺处理手法则需要详细图解,必要时还要对工艺图本身进行文字说明。

(4)服饰配件图——在整套设计或者系列设计中出现配件设计时,需要将配件画出来以方便制作或定制。如腰带、帽子、拎包、鞋子等需要详细地画出造型及细节,标明颜色及所用材料。

(四) 进行结构设计

设计图稿的表现完成后,进入到结构设计的步骤。很多情况下这一环节是由服装设计师与打版师共同完成的,此时可以看出服装结构知识与能力对于服装设计师的重要性。许多服装大师本人都精通结构、面料与工艺,具有从款式设计到结构设计再到工艺制作独立完成的能力。

现代服装设计更多的是以分工合作的形式进行团队运作。今天的服装企业也许并不需要服装设计师独自完成整个过程,但服装设计师必须具备完备的结构设计能力。这个环节是将服装设计效果图转化为合理的空间关系,一般有平面制版和立体制版两种方法,要根据款式特点来选择合适的方法,可能只选其一,也可能两种方法相结合。结构设计是整个设计的过渡环节,是款式设计成败的关键所在。这一过程可以人工绘图和电脑绘图两种制图形式进行表现。

(五) 选择材料制作

服装的结构设计完成后进入实物表现环节。在这一阶段,服装设计师要选择恰当的材料进行服装的实物表现,包括面料、拼接材料(如果需要)、辅料、填充料等几乎所有细节。严格的服装设计师会确定所有的材料细节,甚至包括装饰明线的色彩。由此可以看出,服装设计师应该熟悉面料的材质、性能以及与造型的关系,尤其对新型的纺织品面料更要具有敏锐的洞察力,并且能够正确地加以选择使用,保持材料风格与款式风格的一致性。另外,服装设计师还应具备对传统面料进行创新的能力,以便开发出面料的更多使用方式与外观效果。当材料选择完成后就可以在样衣工的配合下进行实物制作了。样衣制作一般由样衣工完成,但服装设计师需要在此过程中进行指导和确认。

对于一些初次使用的面料,在样衣制作之前还要进行面料的性能测试和预处理,检测和改善其缩水率、熨烫性能、色牢度等一些物理性能以保证其适合实现设计效果。在实际设计中,因面料选择不当导致设计失败的例子时有发生。

在这个环节中,所有材料一经确认就需要被粘贴在服装设计图上,每款的效果图、款式图、工艺图上都需要粘贴。

(六) 调整确认样衣

样衣初步制作完成后,并不代表着设计就此大功告成,对于样衣的调整和确认也是非常重要的。这个调整包括外观效果和穿着舒适度两个方面。

对外观效果的确认包含两方面内容。一方面看样衣由试衣模特穿着后的效果如何,是否达到设计的预想效果。此时,服装设计师需要对一些局部进行调整,如衣长、袖长、胸围、口袋大小、图案位置等细节都需要在实物上进行确认,要尽可能完美地实现服装设计师的设计意图。另一方面要征求样衣工的意见,看看在实现这种外观效果的过程中是否有很困难的工艺环节。如果存在这样的环节,该款成衣就有可能不适合批量生产,也有可能虽然在技术上可以进行批量生产但成本过于高昂。这两种情况都需要进行工艺调整,此时,服装设计师就要对原有设计进行调整。

对穿着舒适度的确认由试衣模特试穿后提出,如是否有紧绷感、行动时的束缚感、面料对皮肤造成的刺痒感等。这些不舒适的感觉需要服装设计师与打版师共同探讨,找出问题的症结所在,同时还要听取样衣工的意见以解决问题。

对这一环节中出现的问题,调整后需再次封样以进行检验。因此,一个款式的封样次数可能是两次、三次甚至更多,直至样衣上出现的问题都得到纠正与解决,设计才算基本完成。如果不重视样衣的调整与确认就可能会把问题遗留下来,一旦进入了生产流通环节,这些问题就变成了定时炸弹,会给企业带来损失,这个损失可能是难以估量的。

当以上步骤完成后,服装设计表现的基本流程就完成了,下面的工作将交给生产和销售部门。

二、服装设计表现的特殊流程

服装设计是一项技术与艺术相结合的工作,既具有技术的严密性与逻辑性,又具有艺术的突发性。操作过程的一些特殊情况也会使得服装设计表现流程发生变化,这时的设计表现流程不同于上述流程,属于特殊情况下的特殊流程。

有时,服装设计师在特定的情境下受到启发,灵感突现,需要立刻进行设计表现以记录当时的感受。在这种情况下,设计表现将跳过明确设计任务与确定设计主题的环节,直接进入到表现设计意图的环节。此时的设计表现所受到的制约条件极少,完全由服装设计师的艺术灵感左右设计效果。在成衣设计中,需要为这种突发灵感转化出的具体服装款式寻找一个合适的定位。可以根据此时的设计上溯到设计主题的环节,提出一个主题,确定这个主题之后继续向下进行系列款式的开发;也可以由此主题继续上溯到设计任务的环节,将这个主题转化为一项明确的设计任务;或者与已有的设计任务相合并,使已有的设计任务得到丰富;或者使处于搁置状态的设计任务得以继续。在这些情况下,设计表现流程发生了颠倒,即先有设计稿、再推出设计主题、再引发设计任务,这是很特别的一种方式,是由服装设计的艺术性所导致的(图6-20)。

有时,服装设计表现会从表现流程的某一个环节切入。例如,在已经进入销售环节的服装中,有的单款销售很好,就可以以此为设计的出发点,进行服装款式的拓展与服装品类的延伸。此时的设计表现就不需要再进行设计任务与设计主题的讨论,可以在现有款式上结合市场反馈信息直接进行款式的变换。如现有款式为夹克,可以变换为风衣、增加裙装、配套的包袋、围巾等。这时的设计表现可直接进入到服装款式图绘制的阶段,服装设计效果图可以省略,因为面料与制作效果已是明确可见的(图6-21)。

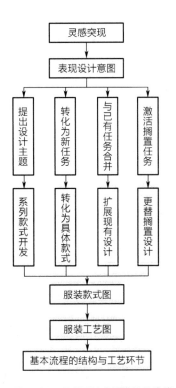

图6-20　服装设计表现的特殊流程1

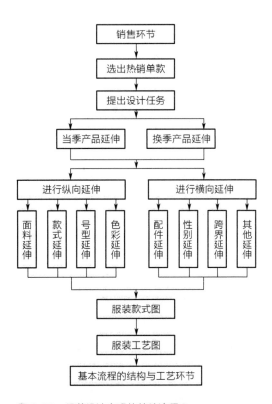

图6-21　服装设计表现的特殊流程2

有时,设计表现可以以直接制作的方式进行。比如对一些现成的物品进行改造,这种改造的效果事先不能预知,无法进行画面表现,而需要在改造的过程中渐渐看到效果。如面料的破坏处理、特殊材料的堆砌等,其制作过程就是设计表现的过程,制作完成之时就是设计表现完成之时。

参 考 文 献

1. A.L.ARNOLD.时装画技法[M].陈仑,译.北京:中国纺织出版社,2001.

2. 彼得森.创意设计基础[M].杨焜,姜萍,译.合肥:安徽美术出版社,2006.

3. 荻村昭典.服装社会学概论[M].宫本朱,译.北京:中国纺织出版社,2000.

4. 冯泽民,刘海清.中西服装发展史教程[M].北京:中国纺织出版社,2005.

5. 饭冢弘子.服装设计学概论[M].李祖旺,金玉顺,金贞顺,译.北京:中国轻工业出版社,2002.

6. 管德明,崔荣荣.服装设计美学[M].北京:中国纺织出版社,2008.

7. 贡布里希.秩序感:装饰艺术的心理学研究[M].范景中,译.长沙:湖南科学技术出版社,2002.

8. 姜蕾.服装生产工艺与设备[M].2 版.北京:中国纺织出版社,2008.

9. 蒋国忠.审美艺术教程[M].上海:复旦大学出版社,2005.

10. 凯瑟琳·麦凯维,詹莱茵·玛斯罗.服装设计:过程、创新与实践[M].郭平建,武力宏,况灿,译.北京:中国纺织出版社,2005.

11. 康定斯基.康定斯基论点线面[M].罗世平,等译.北京:人民大学出版社,2003.

12. 李莉婷.服装色彩设计[M].北京:中国纺织出版社,2000.

13. 刘晓刚.服装设计师手册[M].刘晓刚,杨强,佘巧霞.北京:中国建筑工业出版社,2005.

14. 刘国余.设计管理[M].上海:上海交通大学出版社,2007.

15. 刘元凤,李迎军.现代服装艺术设计[M].北京:清华大学出版社,2005.

16. 鲁道夫·阿恩海姆.艺术与视知觉[M].滕守尧,朱疆源,译.成都:四川人民出版社,1998.

17. 玛丽·吉尔海厄.服装设计师创业指南[M].姜宗彦,陈长美,刘红娜,等译.北京:中国纺织出版社,2006.

18. 马大力,徐军.服装展示技术[M].北京:中国纺织出版社,2006.

19. 秦寄岗,李薇,王庆华.服装结构设计与表现技法[M].北京:中国纺织出版社,1998.

20. 矢岛功.矢岛功时装画作品集③[M].许旭兵,译.南昌:江西美术出版社,2001.

21. 吴卫刚.服装企业技术与设计[M].北京:中国纺织出版社,2004.

22. 徐宏力,关志坤.服装美学教程[M].北京:中国纺织出版社,2007.

23. 许星.服饰配件艺术[M].北京:中国纺织出版社,2005.

24. 薛红艳.设计的视觉语言[M].北京:化学工业出版社,2006.

25. 徐悲鸿.画范序[M].中华书局,1939.

26. 张世贤.现代品牌战略[M].北京:经济管理出版社,2007.

27. 赵旭堃,姜峰.服装工艺设计[M].北京:化学工业出版社,2007.

28. 赵平,吕逸华,蒋玉秋.服装心理学概论[M].北京:中国纺织出版社,2004.

29. 朱介英.色彩学[M].北京:中国青年出版社,2006.

后　记

时光如白驹过隙,《服装设计学概论》自 2010 年出版至今转眼已 11 年过去。这本书陪伴着众多踏入服装院校的莘莘学子们走过入学第一课,走入艰苦而又充满乐趣的设计学习生涯。

2019 年初接到编辑老师的电话,希望本书能修订出第二版。我既高兴又略感惭愧。高兴的是,这本书能够持续不断地给一批批学生们以引导,正合我写书的初衷;惭愧的是,这么多年过去,世界发生了极大的变化,书中部分内容已显得有些不合时宜。这也让我决定尽快做相应修改、调整与删节,使其更符合时代。

我们当下所处的时代是人类有史以来变化最快的时代。在未来,这种变化的节奏将越来越快。在这个时代背景下,服装既是最古老的概念,也拥有最时尚的内涵。古老的概念将一如既往地存在,时尚的内涵则会持续发展不断创新。

基于此,我保留了书中关于设计手段、设计思维以及基本设计理论的阐述,这是有关方法论的内容,服装设计万变不离其宗。同时,删去了在新时代下显得过时的内容。书的整体内容缩减了一半,如同时尚界刮起的健身风尚,本书也进行了瘦身,希望其携带更轻巧,读者阅读更便捷。

一场突如其来的疫情,打乱了这个世界的节奏,《服装设计学概论》的再版延迟至今,书的名字在编辑老师的认真斟酌与建议下,调整为《服装设计学》。

此书面世要特别感谢许多人:感谢编辑老师的专业出版意见,感谢 Dr.Feng Yucheng 的专业建议与逻辑架构,感谢黄晓昭老师的精美图片,感谢冯心语的图片筛选工作,感谢徐望之的温暖相助,感谢父母给予我的无私支持,感谢身边真心相待的朋友,感谢这个瞬息万变的世界与时代,感谢每一个出现在我生命中的人,给予我独特的人生体验,令我不断成长,不断突破。

冯　利